新潟清酒達人検定公式テキストブック

改訂第2版

新潟清酒

ものしりブック

NIIGATA SEISHU MONOSHIRI BOOK

新潟日報メディアネット

新潟の人と自然がはぐくむ新潟清酒は、理想を追い求めるこだわりと酒造りを支える風土の結晶

環境

醸造に適した新潟の気候

新潟の夏は、昼と夜の気温差が大きく、稲作に適した
環境となるため、良質の酒米が作られる。
冬には、絶え間なく降る雪が空気を清浄にし、積もった雪が
気温を低く安定させ醸造を助ける。
新潟の気候は、新潟清酒に最適な環境をつくり出す。

米

大地の恵みを受けて育つ米

新潟清酒のすっきりとした味わいに欠かせない
「五百万石《ごひゃくまんごく》」や「越淡麗《こしたんれい》」といった酒米は、
米どころ新潟の肥沃《ひよく》な土壌がはぐくむ、清酒の原石。

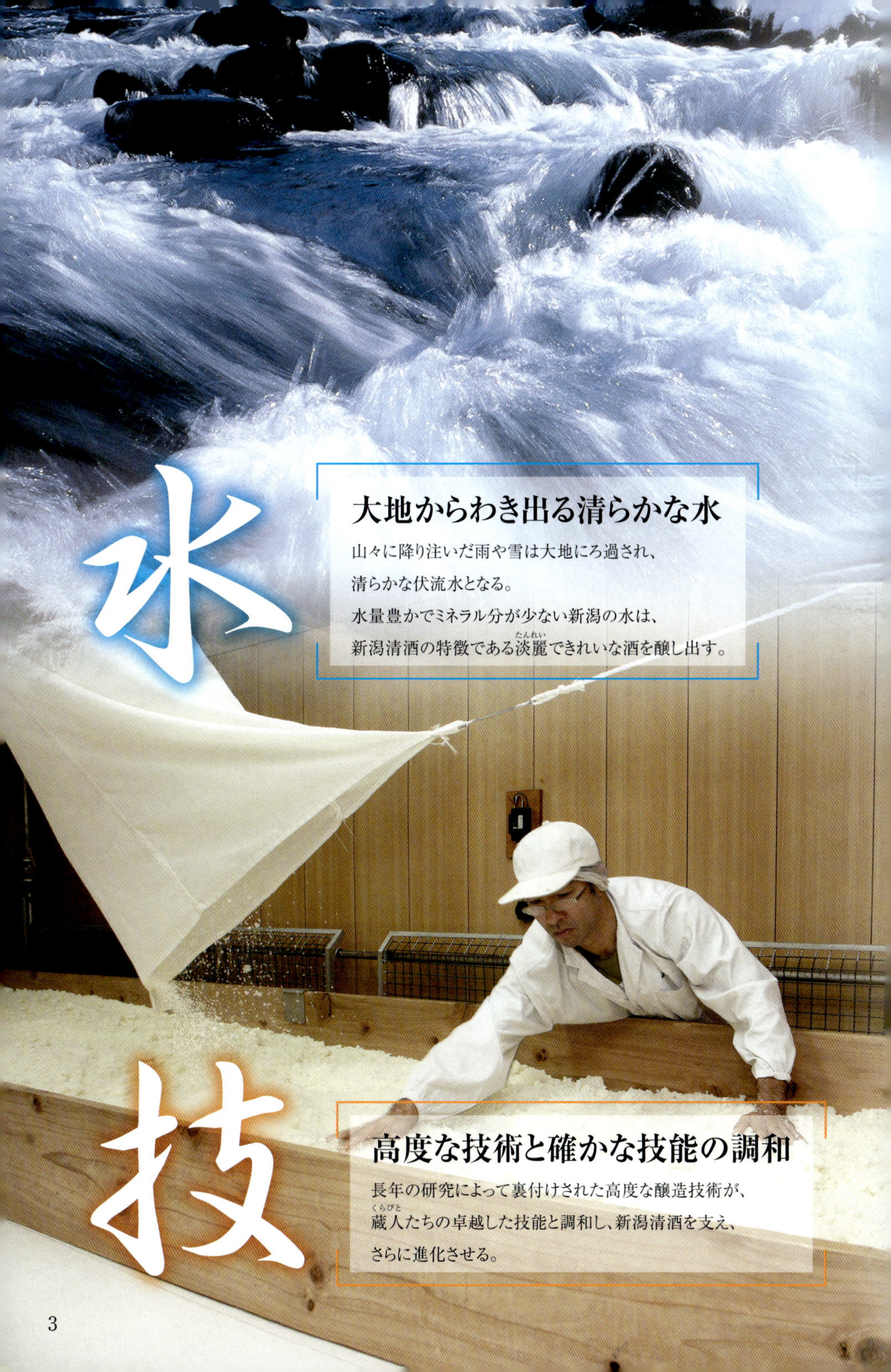

水

大地からわき出る清らかな水

山々に降り注いだ雨や雪は大地にろ過され、
清らかな伏流水となる。
水量豊かでミネラル分が少ない新潟の水は、
新潟清酒の特徴である淡麗《たんれい》できれいな酒を醸し出す。

技

高度な技術と確かな技能の調和

長年の研究によって裏付けされた高度な醸造技術が、
蔵人《くらびと》たちの卓越した技能と調和し、新潟清酒を支え、
さらに進化させる。

新潟清酒ができるまで

酒母（しゅぼ）
蒸米・麹・水を仕込んでアルコール発酵に必要な優良酵母を丁寧に培養する。
新潟県醸造試験場が開発した新潟酵母などが多くの蔵で使用される。

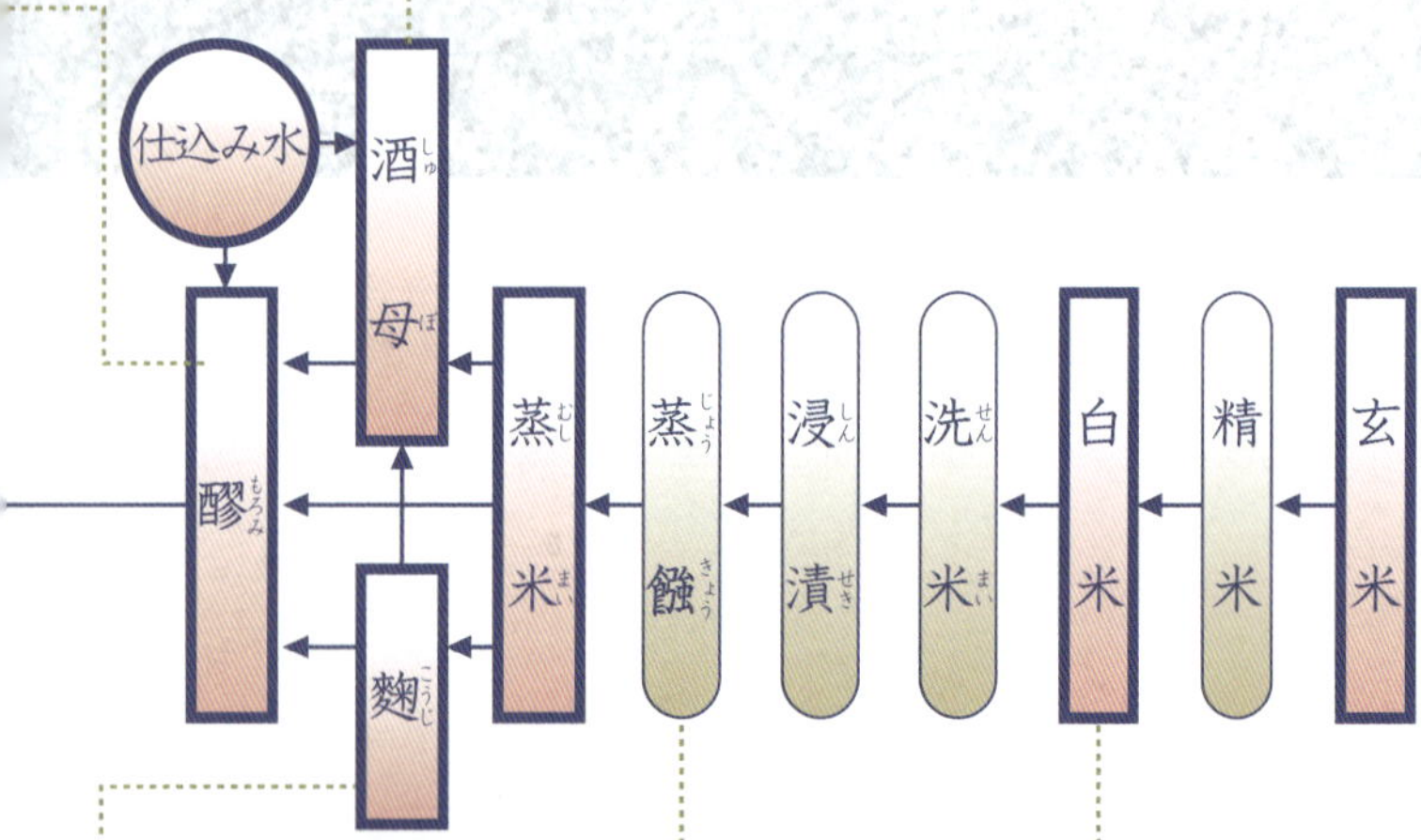

仕込み水 → 酒母（しゅぼ）→ 醪（もろみ）
玄米 → 精米 → 白米 → 洗米（せんまい）→ 浸漬（しんせき）→ 蒸饎（じょうきょう）→ 蒸米（じょうまい）→ 酒母／麹（こうじ）→ 醪

蒸饎（じょうきょう）
甑（こしき）を使い、蒸気で白米を蒸し上げて蒸米とする。
蒸饎によって白米のでんぷんがα化（アルファ化）し、醸造に適した状態となる。

白米
玄米の外側を削り落とし、中心部分だけを原料に使うことで、雑味の少ない淡麗（たんれい）な酒を醸す。
新潟清酒の精米歩合の数値は全国平均よりも低い。（写真は精米歩合38%の白米）

新潟清酒ができるまで

醪《もろみ》

酒母に麹・蒸米・水を3回に分けて仕込み、その後、慎重に温度制御しながら醗酵を管理する。新潟清酒は昔から醪温度が低く、醗酵期間が長いために低温長期醪であるといわれている。最近では他県でも低温長期醪を前面に出している蔵がある。

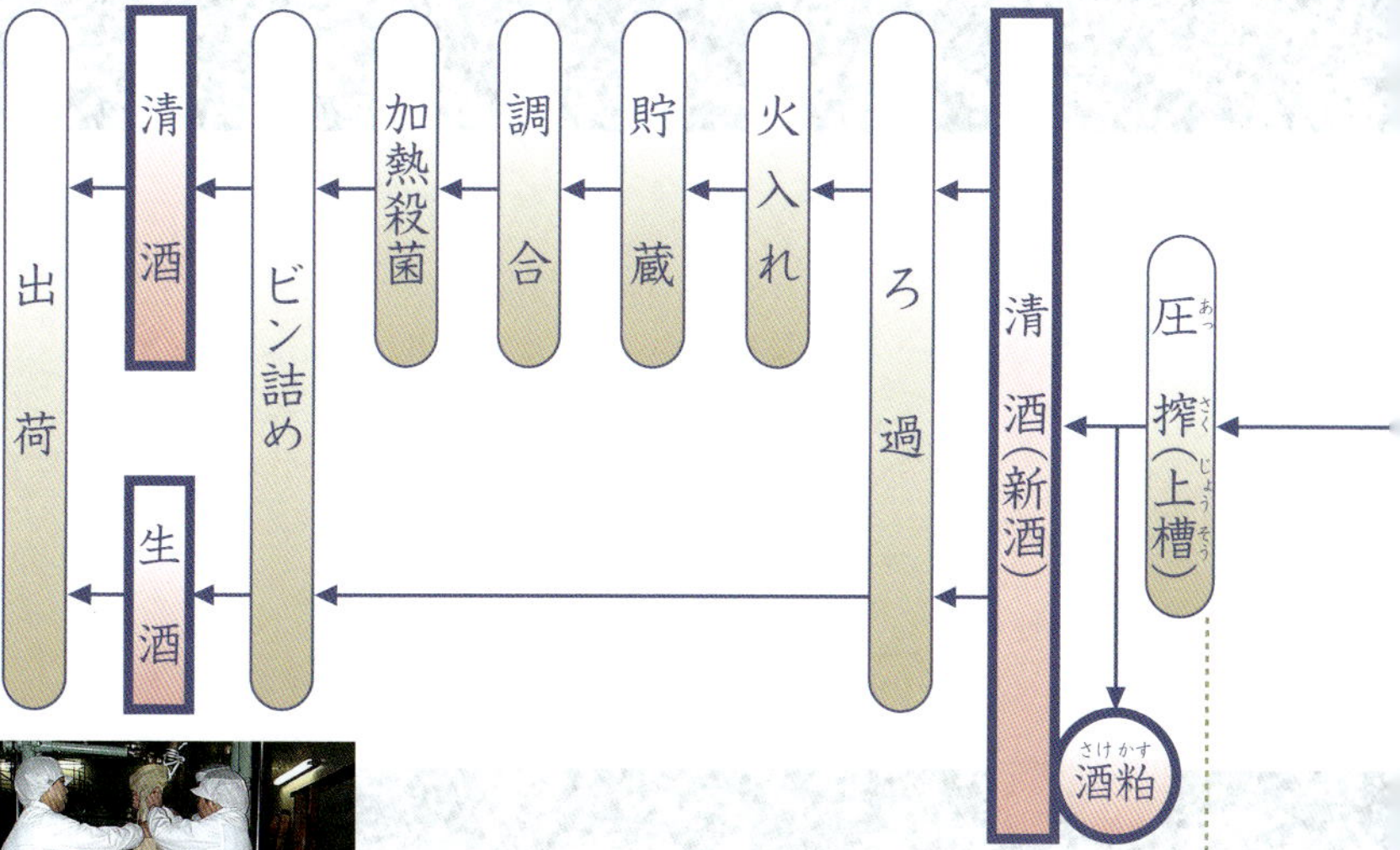

上《じょう》槽《そう》

醪を酒と酒粕《さけかす》に分ける。上槽には布をフィルターとする圧《あっ》搾《さく》ろ過や遠心分離などがある。上槽工程を経たものだけが酒税法で清酒と定義される。

製《せい》麹《きく》

温度と湿度が管理された麹《こうじ》室《むろ》で、蒸米に麹菌（種麹）を振り掛け、蒸米全体に行きわたるようにもみ込む。適度な温度と湿度の中で、麹菌は約48時間かけて蒸米の中心部へと菌糸を伸ばし、「麹」となる。

下越

1. 大洋酒造株式会社
2. 宮尾酒造株式会社
3. 王紋酒造株式会社
4. 越後桜酒造株式会社
5. 越つかの酒造株式会社
6. 菊水酒造株式会社
7. ふじの井酒造株式会社
8. 白龍酒造株式会社
9. 金升酒造株式会社
10. 近藤酒造株式会社
11. 金鵄盃酒造株式会社
12. 麒麟山酒造株式会社
13. 下越酒造株式会社
14. 村祐酒造株式会社
15. 今代司酒造株式会社
16. 石本酒造株式会社
17. 塩川酒造株式会社
18. 樋木酒造株式会社
19. 高野酒造株式会社
20. 株式会社越後伝衛門
21. 株式会社DHC酒造
22. 株式会社越後酒造場
23. LAGOON BREWERY合同会社
24. 宝山酒造株式会社
25. 峰乃白梅酒造株式会社
26. 株式会社越後鶴亀
27. 笹祝酒造株式会社
28. 朝妻酒造株式会社
29. 弥彦酒造株式会社
30. 尾畑酒造株式会社
31. 逸見酒造株式会社
32. 天領盃酒造株式会社
33. 株式会社北雪酒造
34. 有限会社加藤酒造店
35. 福顔酒造株式会社
36. 加茂錦酒造株式会社
37. 株式会社マスカガミ
38. 雪椿酒造株式会社
39. 柏露酒造株式会社
40. 高橋酒造株式会社
41. 吉乃川株式会社
42. 長谷川酒造株式会社
43. お福酒造株式会社

新潟清酒蔵元マップ

新潟県酒造組合加盟蔵元（令和5年4月現在）

78 株式会社小山酒造店
79 頚城酒造株式会社
80 代々菊醸造株式会社
81 加藤酒造株式会社
82 上越酒造株式会社
83 新潟第一酒造株式会社
84 株式会社よしかわ杜氏の郷
85 池田屋酒造株式会社
86 田原酒造株式会社
87 加賀の井酒造株式会社
88 合名会社渡辺酒造店
89 猪又酒造株式会社

61 髙千代酒造株式会社
62 白瀧酒造株式会社
63 株式会社松乃井酒造場
64 苗場酒造株式会社
65 魚沼酒造株式会社
66 津南醸造株式会社
67 原酒造株式会社
68 阿部酒造株式会社
69 石塚酒造株式会社
70 株式会社武蔵野酒造
71 田中酒造株式会社
72 妙高酒造株式会社
73 君の井酒造株式会社
74 千代の光酒造株式会社
75 鮎正宗酒造株式会社
76 株式会社丸山酒造場
77 合資会社竹田酒造店

44 恩田酒造株式会社
45 越銘醸株式会社
46 諸橋酒造株式会社
47 住乃井酒造株式会社
48 中川酒造株式会社
49 河忠酒造株式会社
50 関原酒造株式会社
51 栃倉酒造株式会社
52 朝日酒造株式会社
53 久須美酒造株式会社
54 池浦酒造株式会社
55 新潟銘醸株式会社
56 高の井酒造株式会社
57 緑川酒造株式会社
58 玉川酒造株式会社
59 八海醸造株式会社
60 青木酒造株式会社

⑨

金升酒造株式会社
新発田市豊町1丁目9番30号
創業／1822（文政5）年
代表銘柄／金升

⑤

越つかの酒造株式会社
阿賀野市分田1328番地
創業／1781（天明元）年
代表銘柄／代々泉

①
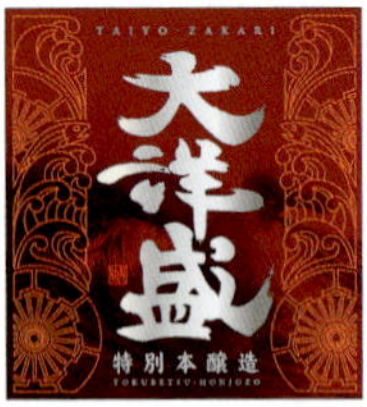

大洋酒造株式会社
村上市飯野1丁目4番31号
創業／1945（昭和20）年
代表銘柄／大洋盛

⑩

近藤酒造株式会社
五泉市吉沢2丁目3番50号
創業／1865（慶応元）年
代表銘柄／越乃鹿六

⑥

菊水酒造株式会社
新発田市島潟750
創業／1881（明治14）年
代表銘柄／菊水

②

宮尾酒造株式会社
村上市上片町5番15号
創業／1819（文政2）年
代表銘柄／〆張鶴

⑪

金鵄盃酒造株式会社
五泉市村松甲1836番地1
創業／1824（文政7）年
代表銘柄／越後杜氏

⑦

ふじの井酒造株式会社
新発田市藤塚浜1335番地
創業／1886（明治19）年
代表銘柄／ふじの井

③

王紋酒造株式会社
新発田市本町1-7-5
創業／1790（寛政2）年
代表銘柄／王紋

⑫

麒麟山酒造株式会社
東蒲原郡阿賀町津川46
創業／1843（天保14）年
代表銘柄／麒麟山

⑧

白龍酒造株式会社
阿賀野市岡山町3番7号
創業／1839（天保10）年
代表銘柄／白龍

④
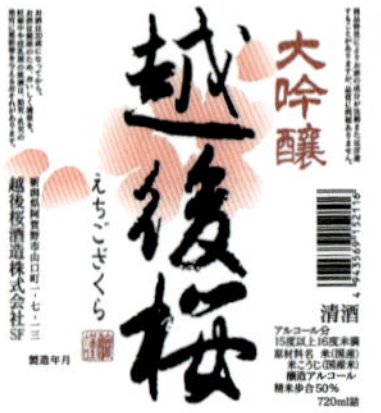

越後桜酒造株式会社
阿賀野市山口町1丁目7番13号
創業／1890（明治23）年
代表銘柄／越後桜

13

下越酒造株式会社

東蒲原郡阿賀町津川3644
創業／1880(明治13)年
代表銘柄／麒麟

14

村祐酒造株式会社

新潟市秋葉区舟戸1丁目1番1号
創業／1948(昭和23)年
代表銘柄／花越路

15

今代司酒造株式会社

新潟市中央区鏡が岡1番1号
創業／1767(明和4)年
代表銘柄／今代司

16

石本酒造株式会社

新潟市江南区北山847番地1
創業／1907(明治40)年
代表銘柄／越乃寒梅

17

塩川酒造株式会社

新潟市西区内野町662
創業／1912(大正元)年
代表銘柄／願人

18

樋木酒造株式会社

新潟市西区内野町582
創業／1832(天保3)年
代表銘柄／鶴の友

19

高野酒造株式会社

新潟市西区木山24番地1
創業／1899(明治32)年
代表銘柄／越路吹雪

20

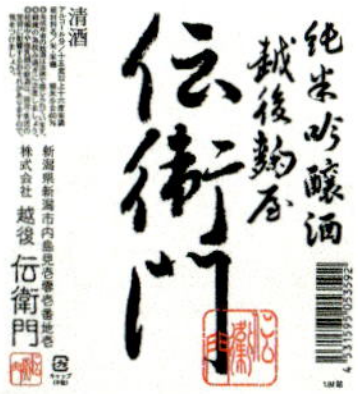

株式会社越後伝衛門

新潟市北区内島見101-1
創業／1953(昭和28)年
代表銘柄／伝衛門

21

株式会社DHC酒造

新潟市北区嘉山1丁目6番1号
創業／1908(明治41)年
代表銘柄／越乃梅里

22

株式会社越後酒造場

新潟市北区葛塚3306番地1
創業／1932(昭和7)年
代表銘柄／越乃八豊

23

LAGOON BREWERY合同会社

新潟市北区前新田乙576-1
創業／2021(令和3)年
代表銘柄／翔空

24

宝山酒造株式会社

新潟市西蒲区石瀬1380
創業／1885(明治18)年
代表銘柄／宝山

33

株式会社北雪酒造
佐渡市徳和2377番地2
創業／1872(明治5)年
代表銘柄／北雪

29
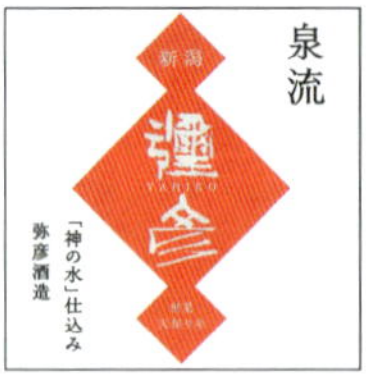

弥彦酒造株式会社
西蒲原郡弥彦村上泉1830-1
創業／1838(天保9)年
代表銘柄／彌彦

25

峰乃白梅酒造株式会社
新潟市西蒲区福井1833
創業／1624～44年(寛永年間)
代表銘柄／峰乃白梅

34

有限会社加藤酒造店
佐渡市沢根炭屋町50
創業／1915(大正4)年
代表銘柄／金鶴

30

尾畑酒造株式会社
佐渡市真野新町449
創業／1892(明治25)年
代表銘柄／真野鶴

26

株式会社越後鶴亀
新潟市西蒲区竹野町2580
創業／1890(明治23)年
代表銘柄／越後鶴亀

35

福顔酒造株式会社
三条市林町1丁目5番38号
創業／1897(明治30)年
代表銘柄／福顔

31
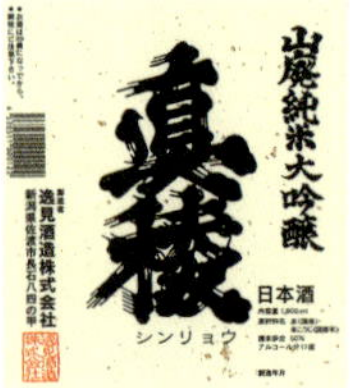

逸見酒造株式会社
佐渡市長石84番地の甲
創業／1872(明治5)年
代表銘柄／真稜

27

笹祝酒造株式会社
新潟市西蒲区松野尾3249
創業／1899(明治32)年
代表銘柄／笹祝

36

加茂錦酒造株式会社
加茂市仲町3番3号
創業／1893(明治26)年
代表銘柄／加茂錦

32

天領盃酒造株式会社
佐渡市加茂歌代458番地
創業／1983(昭和58)年
代表銘柄／天領盃

28

朝妻酒造株式会社
新潟市西蒲区曽根251番地2
創業／1909(明治42)年
代表銘柄／雪の幻

たかね錦

一本〆《いっぽんじめ》

五百万石《ごひゃくまんごく》

酒造好適米の玄米

酒米とも呼ばれる酒造用の米は、
一般の飯米よりも粒が大きいのが特徴。
五百万石をはじめ、新潟県で開発された品種もある。

▶詳しくは40ページへ

越淡麗《こしたんれい》

41

吉乃川株式会社

長岡市摂田屋4丁目8番12号
創業／ 1548（天文17）年
代表銘柄／極上吉乃川

39

柏露酒造株式会社

長岡市十日町字小島1927番地
創業／ 1751（宝暦元）年
代表銘柄／越乃柏露

37

株式会社マスカガミ

加茂市若宮町1丁目1番32号
創業／ 1892（明治25）年
代表銘柄／萬寿鏡

42

長谷川酒造株式会社

長岡市摂田屋2丁目7番28号
創業／ 1842（天保13）年
代表銘柄／越後雪紅梅

40

高橋酒造株式会社

長岡市地蔵1丁目8番2号
創業／安政年間（1854～59）
代表銘柄／長陵

38

雪椿酒造株式会社

加茂市仲町3番14号
創業／ 1806（文化3）年
代表銘柄／越乃雪椿

51

栃倉酒造株式会社

長岡市大積町1丁目乙274-3
創業／1904(明治37)年
代表銘柄／米百俵

47

住乃井酒造株式会社

長岡市吉崎581番地1
創業／1758(宝暦8)年
代表銘柄／住乃井

43

お福酒造株式会社

長岡市横枕町606
創業／1897(明治30)年
代表銘柄／お福正宗

52

朝日酒造株式会社

長岡市朝日880-1
創業／1830(天保元)年
代表銘柄／久保田

48

中川酒造株式会社

長岡市脇野町2011番地
創業／1888(明治21)年
代表銘柄／越乃白雁

44

恩田酒造株式会社

長岡市六日市町1330番地
創業／1875(明治8)年
代表銘柄／舞鶴鼓

53

久須美酒造株式会社

長岡市小島谷1537-2
創業／1833(天保4)年
代表銘柄／清泉

49

河忠酒造株式会社

長岡市脇野町1677番地
創業／1765(明和2)年
代表銘柄／想天坊

45

越銘醸株式会社

長岡市栃尾大町2番8号
創業／1845(弘化2)年
代表銘柄／越の鶴

54

池浦酒造株式会社

長岡市両高1538番地
創業／1830(天保元)年
代表銘柄／和楽互尊

50

関原酒造株式会社

長岡市関原町1丁目1029番地1
創業／1716(享保元)年
代表銘柄／群亀

46

諸橋酒造株式会社

長岡市北荷頃408番地
創業／1847(弘化4)年
代表銘柄／越乃景虎

63

株式会社松乃井酒造場

十日町市上野甲50番地1
創業／1894（明治27）年
代表銘柄／松乃井

59

八海醸造株式会社

南魚沼市長森1051番地
創業／1922（大正11）年
代表銘柄／八海山

55

新潟銘醸株式会社

小千谷市東栄1丁目8番39号
創業／1938（昭和13）年
代表銘柄／長者盛

64

苗場酒造株式会社

中魚沼郡津南町大字下船渡戊555
創業／1907（明治40）年
代表銘柄／苗場山

60

青木酒造株式会社

南魚沼市塩沢1214番地
創業／1717（享保2）年
代表銘柄／鶴齢

56

高の井酒造株式会社

小千谷市東栄3丁目7番67号
創業／江戸時代後期
代表銘柄／たかの井

65

魚沼酒造株式会社

十日町市中条丙1276
創業／1873（明治6）年
代表銘柄／天神囃子

61

高千代酒造株式会社

南魚沼市長崎328番地1
創業／1868（明治元）年
代表銘柄／高千代

57

緑川酒造株式会社

魚沼市青島4015番地1
創業／1884（明治17）年
代表銘柄／緑川

66

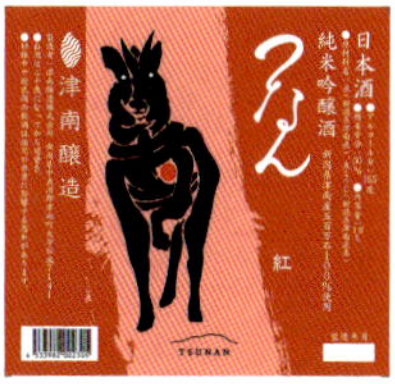

津南醸造株式会社

中魚沼郡津南町大字秋成7141
創業／1996（平成8）年
代表銘柄／つなん

62

白瀧酒造株式会社

南魚沼郡湯沢町大字湯沢2640番地
創業／1855（安政2）年
代表銘柄／上善如水

58

玉川酒造株式会社

魚沼市須原1643
創業／1673（寛文13）年
代表銘柄／玉風味

67

原酒造株式会社
柏崎市新橋5番12号
創業／1814(文化11)年
代表銘柄／越の誉

68

阿部酒造株式会社
柏崎市安田3560
創業／1804(文化元)年
代表銘柄／越乃男山

69

石塚酒造株式会社
柏崎市高柳町岡野町1820-2
創業／1912(大正元)年
代表銘柄／姫の井

70

株式会社武蔵野酒造
上越市西城町4丁目7番46号
創業／1916(大正5)年
代表銘柄／スキー正宗

71

田中酒造株式会社
上越市大字長浜129-1
創業／1643(寛永20)年
代表銘柄／能鷹

72

妙高酒造株式会社
上越市南本町2丁目7番47号
創業／1815(文化12)年
代表銘柄／妙高山

73

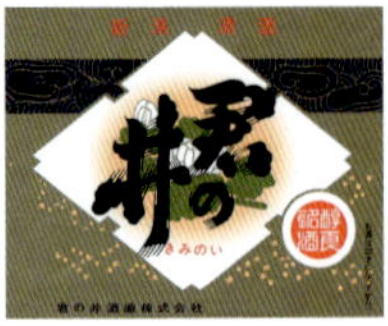

君の井酒造株式会社
妙高市下町3番11号
創業／1842(天保13)年
代表銘柄／君の井

74

千代の光酒造株式会社
妙高市大字窪松原656
創業／1860(万延元)年
代表銘柄／千代の光

きき猪口《ちょこ》

「ききぢょく」ともいい、きき酒に用いる専用の器。
底に蛇の目の模様があることから、
蛇の目猪口とも呼ばれる。

▶詳しくは77ページへ

83

新潟第一酒造株式会社

上越市浦川原区横川660番地
創業／1922（大正11）年
代表銘柄／越の白鳥

79

頚城酒造株式会社

上越市柿崎区柿崎5765
創業／1697（元禄10）年
代表銘柄／越路乃紅梅

75
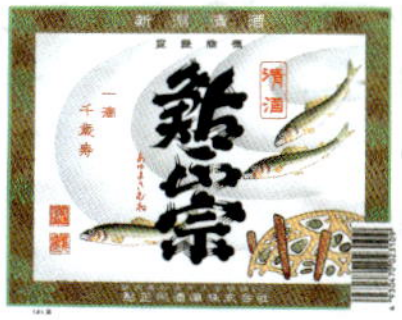

鮎正宗酒造株式会社

妙高市大字猿橋636
創業／1875（明治8）年
代表銘柄／鮎正宗

84
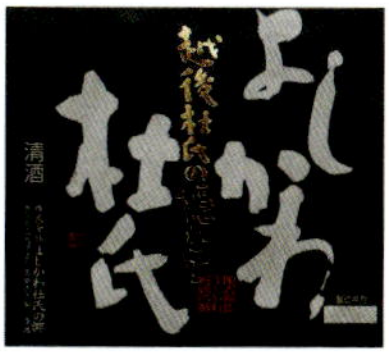

株式会社よしかわ杜氏の郷

上越市吉川区杜氏の郷1番地
創業／1999（平成11）年
代表銘柄／よしかわ杜氏

80

代々菊醸造株式会社

上越市柿崎区角取597
創業／1783（天明3）年
代表銘柄／吟田川

76

株式会社丸山酒造場

上越市三和区塔之輪617
創業／1897（明治30）年
代表銘柄／雪中梅

85

池田屋酒造株式会社

糸魚川市新鉄1丁目3番4号
創業／1812（文化9）年
代表銘柄／謙信

81

加藤酒造株式会社

上越市吉川区下深沢233-1
創業／1864（文久4）年
代表銘柄／潟一

77

合資会社竹田酒造店

上越市大潟区上小船津浜171-子
創業／1866（慶応2）年
代表銘柄／かたふね

86

田原酒造株式会社

糸魚川市押上1丁目1番25号
創業／1897（明治30）年
代表銘柄／雪鶴

82

上越酒造株式会社

上越市大字飯田508番地
創業／1804（文化元）年
代表銘柄／越後美人

78

株式会社小山酒造店

上越市大潟区土底浜3627
創業／江戸時代天保年間
代表銘柄／醸し香

あかい酒

新潟県醸造試験場と新潟県酒造組合が開発した紅色の清酒。紅色の色素を生産する紅麹菌《べにこうじきん》を使っている。

▶詳しくは54ページへ

NIIGATA SAKE
にいがた酒の陣
SINCE 2004

にいがた酒の陣 ロゴマーク

漢字の「酒」の字を赤色で力強く表し、つくりの中にはデフォルメした新潟と佐渡を配置している。日本を代表する国酒（＝新潟の酒）にふさわしい日の丸をデザインにして、その中心に新潟が位置しているイメージ。

醸造用水の有害成分

鉄分で赤みがかった褐色に着色した清酒（右）。

▶詳しくは46ページへ

87

加賀の井酒造株式会社
糸魚川市大町2丁目3番5号
創業／1650（慶安3）年
代表銘柄／加賀の井

88

合名会社渡辺酒造店
糸魚川市大字根小屋1197-1
創業／1868（明治元）年
代表銘柄／根知男山

89

猪又酒造株式会社
糸魚川市大字新町71番地1
創業／1890（明治23）年
代表銘柄／月不見の池

発刊に当たって

新潟清酒は高い品質に裏付けられ全国的な人気を誇る《新潟の宝》です。また素晴らしい新潟の米、海の幸、山の幸とハーモニーを奏でることで新潟の食文化を支えています。新潟清酒達人検定は、そんな新潟清酒の知識を深めていただき、その良さを発見、再発見、認識することによって、新潟清酒への興味、愛着を生みはぐくんでもらうための検定です。

「なぜ新潟の酒は美味しいのか？　なぜ品質が高いのか？　どんな蔵があるのか？　どんな味なのか？」こうした疑問に的確に答えられ、広く世界中に、そして後世に伝えていくことのできる達人を検定試験によって養成することで、新潟清酒の愛飲者が増えるとともに、新潟の食を、さらに新潟全体を深く理解する方々が増えていくことで、新潟を訪れる方の増加につなげることも目的としています。

このテキストブックは、新潟清酒の達人を目指す方々のバイブルになることはもちろん、広く多くの日本酒ファン、豊穣の地である新潟のファンに読んでいただければ、大変楽しく、かつ役に立つことと思います。そして、このテキストおよび達人検定の実施によって、愛してやまない新潟の発展に少しでも寄与することができれば幸いです。

新潟清酒達人検定協会　会長　池田　弘

もくじ

第一章　新潟清酒をはぐくむ人と技と風土

(1) 気候……24
清酒造りに適した気候／雪の恵みと低温長期醗酵
(2) 米……25
ぜいたくに磨いた米
(3) 水……26
清らかな伏流水／酒蔵の水へのこだわり
(4) 技……28
清酒王国を支えた技能者集団／全国一を誇る越後杜氏／杜氏の経験に裏付けられた卓越した技／越後杜氏の四大出身地／若手酒造技能者の育成／新潟県醸造試験場／新潟清酒学校／技術者および技能者団体〔新潟清酒研究会・新潟酒造技術研究会・新潟県酒造技術研究協議会・新潟清酒産地呼称協会〕
〈コラム〉新潟の酒造環境がはぐくんだ淡麗な酒質／酒造り唄／不作の年の酒／酒博士・坂口謹一郎／坂口記念館

第二章　新潟清酒ができるまで

(1) 原料米……40
酒造好適米の品種〔五百万石・越淡麗・たかね錦・一本〆〕／米の構造／米の成分〔炭水化物・タンパク質・脂質・ミネラル・ビタミン〕
(2) 醸造用水……45
醸造用水の成分〔有効成分・有害成分〕

(3) 酒造工程の流れ……47
(4) 原料処理……47
精米／洗米／浸漬〔限定吸水・吟醸米の浸漬〕／蒸饎
(5) 麹……53
麹菌／製麹〔引き込み・床もみ・切り返し・盛り・仲仕事・仕舞仕事・出麹〕
(6) 酒母……57
酒母の種類〔速醸系酒母・生酛系酒母〕／新潟清酒の酵母
(7) 醪……60
〔踊り・醗酵管理・アルコール添加〕／道具〔タンク・泡消機・昔ながらの道具〕
(8) 上槽……65
滓引き／ろ過／火入れ
(9) 熟成・貯蔵・ビン詰め……67
貯蔵／呑み切り／ブレンド〔調合〕／精製／ビン詰め
(10) 清酒の分類……69
清酒の特徴〔酒税法〕／清酒の製法品質表示基準〔特定名称の清酒・記載事項の表示・任意記載事項の表示・表示禁止事項・米トレーサビリティ法〕／清酒のきき酒〔きき酒の方法・きき酒用語〕
〈コラム〉あかい酒／酒造技能士／税金のはなし／長期貯蔵酒／きき猪口

第三章　新潟清酒もの知り講座

【酒造技術】……80
新潟に軟水地帯が多いのはなぜ？
米の品種改良には十年以上かかる？
「精米歩合」と「精白度」って違うの？

一キログラムの米からお酒はどのくらいできる?
麹づくりに欠かせない「もやし」とは?
酵母と酒の香味の関係
吟醸酒は米から造るのに、果物のような香りがするのはなぜ?
アルコール度数一五度台の清酒が多いのはなぜ?
【清酒の分類】……91
日本酒度って何?
清酒の酸度とは?
アミノ酸度とは?
何が違うの? 生酒・生詰・生貯蔵
何が違うの? にごり酒・滓酒・濁酒
貴醸酒とはどんなお酒?
生一本とは何の意味?
【清酒の楽しみ方】……99
清酒がおいしく飲める温度
二日酔い対策に「和らぎ水」
清酒はどのように保存すればよい?
酒器のサニテーション(衛生)にも注意を!
酒蔵でしか味わえない幻の味 泡汁とは?
郷土の味覚で新潟清酒を楽しもう
【清酒文化】……109
酒蔵の軒先に飾ってある杉玉って何?
酒造りの発展は「寒造り」のおかげ?
蔵人たちの役割と上下関係とは?
昔の蔵人たちの生活とは?

新潟に残る酒造図絵馬
新潟には全国に名を馳せた醸造科が設置された高校があった
酒は楽しく嗜むものなり。「酒飲礼儀」十一カ条とは？
全国新酒鑑評会とは？
新潟県酒造組合加盟企業だけが表示できる「新潟清酒」
「新潟淡麗　にいがた酒の陣」のモデルとなった祭り
〔新潟清酒で乾杯！〕

第四章　新潟清酒の歴史

【年表】……126

資料編

数字で見る新潟清酒……148
新潟清酒　業界用語集……153
酒蔵見学のできる蔵元リスト……162
主要参考文献……164
索引……167
新潟清酒達人検定　過去問題（抜粋）……169

凡例

●本書は、新潟清酒達人検定協会監修の下、「新潟清酒達人検定」の公式テキストとして検定試験の主旨に沿って編集し、新潟県醸造試験場、新潟県酒造組合ならびに新潟清酒研究会の協力を得て執筆しました。

●掲載項目については、新潟清酒および新潟県内酒造業界に関する事柄を出来る限り取り上げるように努めましたが、紙面の都合などにより省略した項目もあります。

●歴史的な事柄や由来について諸説があるものについては通説や一般にいわれている説を掲載しました。

●表記には、新潟県内酒造業界で用いられている用字・用語をできる限り採用するため、一部常用漢字表にない漢字も使われています。

●本書第二刷においては、「にいがた蔵元ガイド」を二〇二三年四月現在のデータに改めました。「酒蔵見学のできる蔵元リスト」は、二〇一八年八月のデータに、社名変更など、一部修正を加えています。ご利用の際は事前にご確認ください。

●編集に当たって参考にした刊行物、資料などは巻末に出典を明記しています。

第一章

新潟清酒をはぐくむ人と技と風土

豊かな味わいと滑らかさ、のど越しの良さを兼ね備え、
多くの人に愛される新潟清酒。
気象条件、米の品質、水質、醸造技術などの酒造環境がそろったとき、
初めて生まれる美味である。

(1) 気候

清酒造りに適した気候

新潟県は全国屈指の清酒の産地として知られるが、その背景の一つに新潟の気候によって生まれる恵まれた醸造環境が挙げられる。新潟は日本海側の気候区に属し、夏に比較的晴天が続いて気温の高い日が多く、冬には山間部を中心にたくさんの雪が降る。この気候が夏は米作りに適した環境となり、冬は清酒造りに適した環境となる。

稲が成長する五月から十月にかけての新潟市と東京都区内の日照時間を比べてみると、新潟市*一〇四六・五時間、東京八六七・六時間で、新潟の日照時間が長い。この夏の長い日照時間が新潟清酒の原料となる良質の米をはぐくんでくれる。

●新潟市と東京の日照時間比較

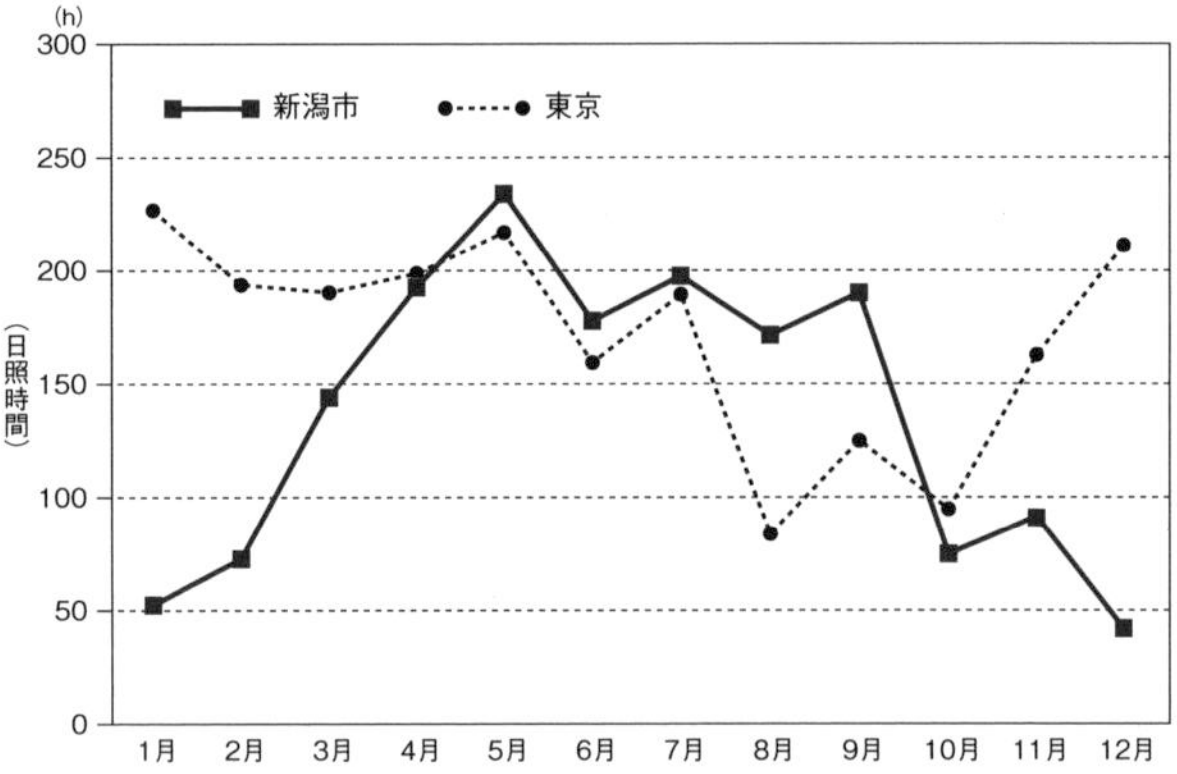

※気象庁ホームページ　気象統計情報（2017年）より

逆に、清酒を仕込む十一月から四月にかけての日照時間は、新潟市五九六時間、東京一一八三・三時間と東京の方が新潟市の倍近く長くなる。冬の新潟は日照時間が短く降雪量が多いのが特徴ではあるが、厳寒期でも極端な低温にはならないため、日中と夜間の温度差は比較的少ない。このように新潟の冬が低い気温で安定していることが清酒造りには有利に働く。

＊　気象庁ホームページ　気象統計情報（二〇一七年）より

雪の恵みと低温長期醗酵《はっこう》

新潟県内にはひと冬に四メートル以上積雪する地域があり、時には大雪や雪崩などの災害となることもあるが、雪がつくり出す環境は清酒造りにとって最適なものとなり、新潟清酒に恩恵をもたらす。

積雪がもたらす安定した適度な低

温は、清酒造りに使われる麹菌《こうじきん》や酵母などの微生物の働きに最適な環境をつくると同時に雑菌の繁殖を防ぎ、きめ細かい新潟清酒の味わいを生み出す要因の一つとなっている。また、雪は空気中のちりなどの微粒子を包み込むため、雪が降ると空気が澄むともいわれている。このように、淡麗《たんれい》な清酒を造るために欠かせない「低温長期醗酵」に適した環境は雪によって形成されているのだ。

長い冬が終わり春を迎えると、雪は解けて地中に染み込み、豊富な水資源となる。やがてその水は、わき水や河川水となって米作りのかんがい用水に使われ、秋から始まる酒造りにも使われる。

(2) 米

清酒の原料となる米は酒米《さかまい》、酒造《しゅぞう》好適米《こうてきまい》、もしくは醸造用玄米と呼ばれ、米飯用の米とは異なる品種であ

●新潟県内の主な地点の積雪の深さ

市町村名	地点名	2017年冬までの観測史上１位の値	
		積雪の深さ（cm）	年月日
佐渡市	相川	65	1936/02/06
岩船郡関川村	下関	178	2012/02/04
新潟市	新潟	120	1961/01/18
東蒲原郡阿賀町	津川	189	1985/01/17
柏崎市	柏崎	171	1984/03/08
上越市	高田	377	1945/02/26
糸魚川市	能生	309	1985/01/30
妙高市	関山	362	1984/03/01
中魚沼郡津南町	津南	416	2006/02/05
南魚沼郡湯沢町	湯沢	358	2006/01/28

気象庁「気象統計情報」から作成

雪に覆われる新潟の冬

清酒のトリビア

日本人は邪馬台国《やまたいこく》の時代から酒に親しんでいたようだ。「魏志倭人伝《ぎしわじんでん》」（三世紀）には倭人が酒をたしなむという記述がある。

る。酒米にも多くの品種があり、日本各地で栽培されているが、新潟清酒はそのほとんどが新潟県産米で造られている。

新潟県農業総合研究所作物研究センターと新潟県醸造試験場では、共同で酒米の研究開発が行われている。これまでに作られた新潟生まれの代表的酒米には「五百万石《ごひゃくまんごく》」「一《いっ》本〆《ぽんじめ》」「越淡麗《こしたんれい》」などがある。

豊かな実りをもたらす田園

ぜいたくに磨いた米

清酒造りに使用される酒米は、米飯用のものよりも粒が大きく、中心部に白く不透明な心白《しんぱく》がある。米飯用の米と同様に酒米も精米して使われるが、米飯用の米では表面だけを削るのに対して、酒米はより清酒の品質を高めるため、表面だけでなくタンパク質などの雑味の原因物質を多く含む更に内側まで削り落とす。多くの場合、精米歩合（精米後の白米の歩留まりパーセントをいう）の数値が低いほど（米を削るほど）清酒の品質が向上する。

新潟清酒の平均精米歩合は五七・八パーセント（平成二十八酒造年度）と、全国の平均六四パーセントと比べてより低い数値となっている。良質の米をぜいたくに磨いて造るのが新潟清酒の高品質の証しでもある。

(3) 水

清らかな伏流水

清酒の成分の八〇パーセント以上を水が占めることからも分かるように、水は清酒造りにおいて欠かすことのできない、酒の質を左右する重要なものである。各酒蔵が使うそれぞれの水の質の違いが、清酒の味わいにも大きくかかわってくる。

水の質を表す数値に硬度があり、

ミネラル分を多く含む水を硬水《こうすい》、少ないものを軟水《なんすい》と呼ぶ。全国有数の豪雪地帯として知られる新潟県では、冬に降り積もった雪が清らかな雪解け水となって大地に染み込み、伏流水となって信濃川や大小さまざまな河川に集まるが、その水のほとんどは軟水である。

新潟清酒の大多数には軟水が仕込み水として使われ、また、市販酒の規格に合わせて目的のアルコール度数になるように加える「割水《わりみず》」にも軟水が使われている。

清らかで豊富な水

酒蔵の水へのこだわり

酒蔵は酒造りのためにそれぞれの井戸やわき水などの水源を持つ。この水源においては水質が重視されるのはもちろんのこと、水量が豊富であることも重要である。

酒造工程全体では仕込み水として使われる量の四十倍もの水を使うことから、良質な水を大量に確保しなければならない。そのため、各酒蔵では水源地の保全や環境保全に努めるなど、水質の向上に力を入れている。

新潟県酒造組合は一九九三（平成五）年の総会で「酒造の自然環境の保全について」の指針を決議している。これは、新潟の酒にとって良質な水が欠かすことのできない要素であることから、酒造組合として自然環境の保全に取り組み、水を守る決意と姿勢を広くアピールするものである。また、県内酒造技術者の団体である新潟清酒研究会でも同年の定例会のテーマに水を取り上げ、研究活動を行うなど、新潟県の酒造業界全体で水質向上への取り組みが行われている。

清酒のトリビア

諸国の産物や地名などを伝える古風土記の一つ、八世紀始めに編纂《へんさん》された「播磨《はりま》国風土記」には米を原料とした酒についての記述がある。

(4) 技

各種製造業が盛んな新潟県にあって、清酒製造業は県を代表する地場産業の一つである。また、清酒造りは全国に名高いコシヒカリに象徴される稲作と並び、新潟の食文化の中核を担っているといえる。

新潟清酒の現状を統計で見てみよう。

新潟県酒造組合加盟の酒蔵数は八十九(平成三十年九月現在)であり、全国で一番多い。新潟の清酒製造業の特徴は、全国大手銘柄のような大規模な酒造会社がなく、小規模の酒蔵が互いに切磋琢磨《せっさたくま》し、独自の味を競い合っている点にある。

新潟県の年間清酒出荷量は約四万二六三六キロリットルで、兵庫県、京都府に次いで全国第三位となっている(資料編一四八ページ参照)。ちなみに、法律の規定に基づいて定められた「清酒の製法品質表示基準」による特定名称酒(吟醸酒《ぎんじょうしゅ》・純米酒・本醸造酒)が総出荷量の六六・八パーセントを占める。特定名称酒は、高級酒として原料や製造方法などに一定の条件が課され、一般酒(普通酒)と区別される。この特定名称酒出荷割合が全国平均の三四・〇パーセントをはるかに上回っていることも新潟の清酒造りの特徴といえる(資料編一五一ページ参照)。

新潟県の成人一人当たりの年間清酒消費量は一一・八リットルで、全国平均の五・二リットルを大きく上回って全国第一位である(資料編一五〇ページ参照)。新潟清酒が新潟の食文化に根付き、新潟人の酒への思い入れの深さが見て取れる。また、上位十県に日本海側の県が多く入っていることも興味深い。

清酒王国を支えた技能者集団

新潟が清酒王国と呼ばれるようになった背景には、良質な酒米と清らかな水に恵まれた環境に加え、「越後杜氏《とうじ》」と総称された酒造技能者集団の熱意と長年にわたる努力があった。さらに、新潟には県独自の研究組織や生産者組織による技術の伝承が図られ、業界全体で人材を育成する土壌があった。

全国一を誇る越後杜氏

新潟県内で最も古い造り酒屋の創業は、一五五〇年ごろと伝えられている。当時の酒造りでは、加賀(現在の石川県）から上方（近畿地方）にかけての地域から西国杜氏が招かれて行われ、杜氏以外の蔵人《くらびと》*1は地元から雇用されていた。このことから、西国の酒造技術を伝授されながら越後の酒男《さかおとこ》*2が育ったと考えられる。

　その後、関東や近県の出稼ぎ先で腕を磨いた越後の酒男集団は「越後杜氏」と総称されるようになり、明治初期には全国一の人数を誇った。越後杜氏は、我慢強く勤勉、寡黙、実直な性格でまがい物を嫌う一徹な越後人の気風と、優れた技術力が評価され、数多くの酒蔵で清酒造りの重要な役割を担うようになっていった。

＊1　酒造りに従事する人の総称。
＊2　杜氏を含めた蔵人。造り酒屋へ出稼ぐ酒造人の総称。

ここで一杯。
ひといきコラム

新潟の酒造環境がはぐくんだ淡麗《たんれい》な酒質

　一昔前まで清酒の主流は甘口で、飲み応えのあるいわゆる濃い酒が好まれた。次第に食生活が豊かになるにつれ、料理との相性を重視して清酒が選ばれるようになってきた。このような消費者の嗜好《しこう》の変化に対応するため、新潟の酒造業界では新たな酒質が模索されてきた。

　繊細な料理の味を引き立たせるには、後味のきれいな、いわゆる淡麗型の酒が適している。淡麗型清酒の分析を進めていくと、新潟の気候、米、水によって行われる清酒造りがその醸造に適していることが分かってきた。冬の気候、主力酒米「五百万石《ごひゃくまんごく》」、軟水《なんすい》などといった新潟の清酒造りの特質を十二分に引き出した清酒こそが淡麗な酒質だった。

　こうして雑味のない、すっきりとした〝淡麗〟が確立されると、次第に消費者の支持を集めて全国へ広まった。淡麗な酒とは、新潟の酒造環境から生まれ、飲む人に選ばれはぐくまれた酒である。

清酒のトリビア

一九七八（昭和五十三）年に日本酒造組合中央会によって十月一日は「日本酒の日」として制定され、また、二〇一五（平成二十七）年に新潟清酒達人検定協会が「酒の国にいがたの日」として制定した。

杜氏の経験に裏付けられた卓越した技

米が原料である清酒のように、穀物を原料とする酒の醸造は、穀物以外を原料とする酒に比べて複雑な製造工程となる。これは酵母が穀物そのものを醗酵《はっこう》に導くことができないため、穀物のでんぷんを糖に変えるための「糖化」工程を必要とするためである。

この複雑な工程のため、天候に恵まれて良質の原料が収穫された結果として酒の質が向上した年を意味する、ワインでいうところの「当たり年」という言葉が清酒にはない。これは、天候などの影響で原料となる米に多少の品質変動があっても、複雑な製造工程の中で杜氏の技術がそれを補えるためであるといわれる。

理論に基づいた酒造りの技術と、それを全うできる長年の経験に裏付けられた杜氏たちの技によって、常に安定した品質の清酒が造り続けられている。

ここで一杯。《ひといきコラム》 酒造り唄

酒造り唄は、かつてふるさとを離れ厳しい寒さの中でつらい労働に明け暮れる蔵人たちの日々の中から生まれた。歌うことで時には作業時間を計り、時には疲れ果てた身を奮い立たせた。唄は、清酒造りになくてはならないものだったのである。

清酒造りの世界には「唄半給金」という言葉がある。唄が満足に歌えなければ、給金は半分しかもらえないという意味である。仕事の中で唄が果たす役割の大きさを表しているといえるのではないだろうか。

清酒の工程は多岐にわたる上に複雑である。その工程ごとに唄があるため、たくさんの唄がある。桶《おけ》洗い・米洗い・数番唄（数え唄）・流し唄（洗い場唄）・切り火・仕込み唄・二番櫂《かい》・酛摺《もとす》り唄・三ころ・酛取《もとと》り唄・床揉《とこも》み唄・道中唄などが今に伝わるが、今では作業中に歌われることはほとんどない。そのため、酒造り唄を後世に伝えようと、各地で酒造り唄を歌い継ぐ会が生まれている。酒造り唄をCDなどに収めて、一般に発売されているものもある。

越後杜氏の四大出身地

蔵人は出身町村ごとに杜氏組合・酒造出稼ぎ人組合・清酒醸造研究会などに組織化され、やがてこれら各地の組織が全県的に統合されていった。一九六七（昭和四十二）年には、新潟県酒造従業員組合連合会が発足している。

越後の中でも、特に杜氏を多数輩出した地域が四つあり、それらは、頸城《くびき》杜氏（主な出身地は吉川と柿崎）、刈羽《かりわ》杜氏（主な出身地は鵜《う》川・鯖石《さばいし》川・渋海《しぶみ》川上中流沿いの地域）、三島越路杜氏（主な出身地は塚野山と岩塚、来迎寺《らいこうじ》）、三島野積《のづみ》杜氏（主な出身地は寺泊）と呼ばれた。

江戸時代から明治時代にかけての越後杜氏は二万人を数えたといわれ、その勤務地は関東・中部地方を中心とする二十六都道府県に及んだ。

ここで一杯《ひといき》。コラム

不作の年の酒

古来、酒造りに携わる人々の間には「不作の年の酒は良くなる」という言い伝えがある。

米は、今も昔も変わらず主食として大変重要な作物であるが、今のように豊富にある時代は別として、昔はとても貴重なものであった。特に、不作の年は飯米として優先的に使用されるため、酒造りに回される米はさらに少なくなり、米粒一粒の重みは増してくる。酒造りにわずかの失敗でもあれば貴重な米が無駄になってしまうため、杜氏たちは特に慎重に酒造りに励むことになる。その結果、酒の品質が向上する、というのである。

由来の真偽は別として、この言い伝えは、清酒の品質において、製造技術がいかに大きな影響力を持つかということを表している。

清酒のトリビア

大蔵省醸造試験所は一九〇四（明治三十七）年、東京都北区に設立され、現在の独立行政法人酒類総合研究所（広島県東広島市）となった。

●越後杜氏の里

●越後の酒男出稼ぎ分布　昭和50〜51年

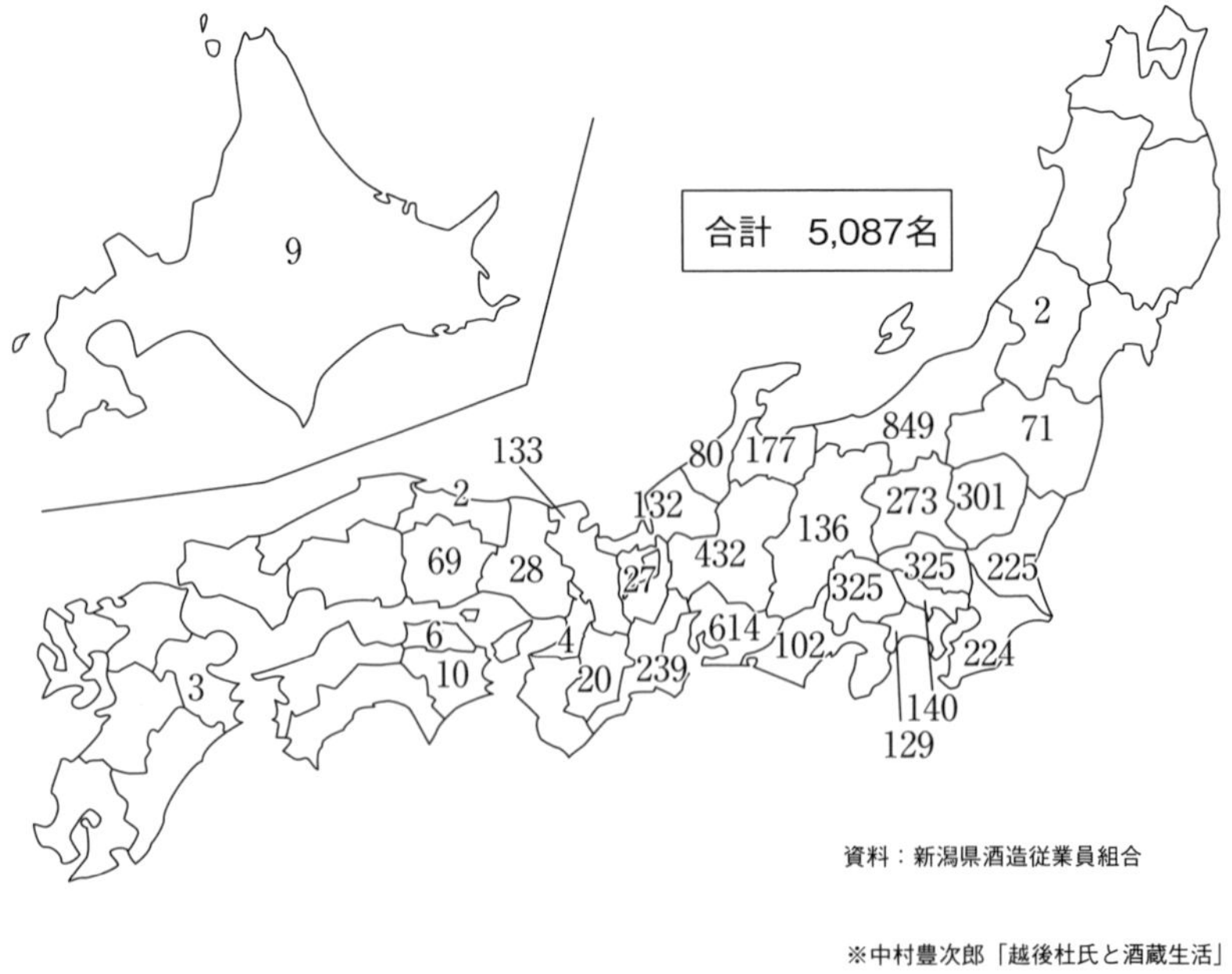

資料：新潟県酒造従業員組合

※中村豊次郎「越後杜氏と酒蔵生活」より

若手酒造技能者の育成

一九六八（昭和四十三）年には九百二十二人であった越後杜氏は、一九九八（平成十）年には二百五十九人にまでその数を減らし、高齢化していった。

越後杜氏の減少は、新潟清酒の製造技術の伝承に大きな支障を来す深刻な問題であった。この事態を危惧《きぐ》した新潟県酒造組合は、新潟県醸造試験場と連携して対応策を検討し、一九八四（昭和五十九）年に全国に先駆けて新潟清酒学校を設立した。

また、各酒造会社においても技能者の育成や技術伝承に力を入れ、業界全体で若手酒造技能者の育成に取り組んでいる。

新潟県醸造試験場

新潟県醸造試験場は、清酒を主な対象とする独立組織としては全国唯一の県立研究機関である。庁舎は新潟市中央区水道町に建ち、護国神社に隣接する閑静な環境で研究が行われている。

県立醸造試験場の設立に新潟清酒発展の期待を寄せる県内酒造業界は、設立を求めて陳情を度々行うが、県の財政難のためなかなか実現しな

1930年ごろ（創立当時）の新潟県醸造試験場

現在の新潟県醸造試験場

清酒のトリビア

宮尾登美子の小説『蔵』（毎日新聞社・一九九三）は新潟県の造り酒屋に生まれ、幼くして失明した跡取り娘・烈の生涯を描き、大きな反響を呼んだ。

かった。そのため、一九三〇（昭和五）年に新潟県酒造組合連合会が研究棟と三〇〇石（五四キロリットル）の酒造設備、酒造従業員の養成を目的とする宿泊研究施設を含む建物を建設して県に提供し、県が管理運営を行う形で新潟県醸造試験場として発足した。

醸造試験場設立による成果は直ちに表れ、設立二年後の三二（同七）年の品評会で新潟清酒が全国第一位の栄誉に輝いている。設立以来、技術開発や現場指導、人材教育などの面で新潟清酒の発展を支える重要な研究機関として運営されている。

新潟清酒学校

一九八四（昭和五十九）年七月、新潟県酒造組合は県内酒造業界発展のため、組合内に新潟清酒教育協会を設置し、学校運営や講座・研修・講習会などの教育関連事業を統括する機構の充実と強化を図った。ここに、全国に先駆けて酒造技能者養成のための専門教育機関として、新潟清酒学校が開校した。

入学定員は毎年二十人程度、修業年限は三年間とされ、入学資格は県内の酒蔵の通年雇用者であり、経営者の推薦を受けた年齢三十五歳以下の者となっている。

同校は、県内の酒蔵に通年雇用されている若手従業員に「酒造技術の基礎を習得させ、将来の幹部技能者として、各酒蔵の中核となって活躍することが期待される技能者を育成する」ことを目的とする。清酒造りに携わる技能者としての心構えや基本的な知識から、醸造学、法令・法規にいたる幅広い教育課程が設けられている。

座学と併せて、実験や実習も豊富に取り入れられ、県内酒造場の技術者や杜氏、醸造試験場職員などが講師を務める。

学生は、科学に裏付けられた醸造技術の会得と同時に、経験を積むことで得られる職人的な勘も習得する。

新潟清酒学校の講義風景

新潟清酒学校は二〇〇七（平成十九）年には「新潟清酒を支える酒造技能後継者を多く輩出、県内酒造業の発展に貢献した」として、第六十回新潟日報文化賞（産業技術部門）を受賞した。現在卒業生は五百七十二名（令和五年）となっている。

技術者および技能者団体

■新潟清酒研究会

新潟清酒研究会（通称「酒研」）は、一九七三（昭和四十八）年、当時の新潟県醸造試験場長・嶋悌《てい》司《じ》氏の提案によって創立された。それまでは、大学で専門教育を受け、企業に雇用された酒造技術者は企業内で研《けん》鑽《さん》を積むことがもっぱらであったため、将来の新潟清酒を担う技術者を組織化して交流を活発にし、企業横断的な情報交換の場を設けることが会創立の目的であった。同会は、県内各酒造会社に在籍する酒造技術者によって構成、運営され、若い技術者にできるだけ自由な発言と活動を保証しようと、規約には「正会員は五十歳以下」と明記されている。

発足以来、同会はさまざまな研究プロジェクトや講演会などの活動を精力的に行い、主なものに、七七（昭和五十二）年に新潟県酒造組合から委託を受けた酒造好適米の新品種の醸造研究、八一（同五十六）年に新潟県技術賞を受賞した肉食に適する新しい清酒の開発プロジェクトなどがある。こうした目覚ましい成果を上げ、二〇二二（令和四）年には創立五十周年を迎え、県酒造業界の技術的基礎を担う重要な存在となっている。

同会の運営は会員である酒造技術者個人の自主的な参加に負っているが、この背景には彼らが在籍する各酒造会社の理解と協力の上に成り立っている。技術者同士が互いに切磋琢磨を重ね、酒造技術の研鑽を積むことで新潟県酒造業界全体のレベルアップを図ろうという、一企業の利益だけにとらわれない懐の深さがうかがえる。

■新潟酒造技術研究会

二〇一〇（平成二十二）年四月に結成された、新潟県出身か新潟県内の酒造会社で働く杜氏・酒造技能者、および新潟清酒学校卒業生によって構成される組織。

年齢や職場・職務に制限されることなく、技能者同士が自由かつ横断的に情報交換することによって、現場で必要とされる技能や意識など、生産そのものの技術向上を目的とする団体である。

　近年、出稼ぎの激減や季節労働者の減少などにより、酒造従業員の就業形態が大きく変化する中、新潟県酒造従業員組合の活動目的も労働条件の改善から酒造技術の向上へと移ってきた。また構成員の減少にも拍車がかかり組織維持もしだいに困難になってきた。一方、新潟清酒学校の卒業生は順調に増加し、杜氏や三役を務める者も増え酒造技能者として重要な位置を担う存在となってきた。それに伴い新潟県酒造従業員組合、新潟県酒造杜氏研究会、新潟清酒学校同窓会といった各団体には重複して加入する技能者が増え、それぞれが独立して活動するには非効率な面が目立ってきた。

清酒のトリビア

全国新酒鑑評会の過去五年の新潟県金賞酒数は、平成二十五酒造年度15、二十六年15、二十七年16、二十八年14、二十九年14である。

ひといきコラム

ここで一杯。

酒博士・坂口謹一郎《きんいちろう》

日本の応用微生物学者として世界的に著名な坂口謹一郎博士は、一八九七（明治三十）年十一月七日、高田（現・上越市）に生まれた。東京の第一高等学校から東京帝国大学（現・東京大学）農学部へ進み、醗酵《はっこう》学を専攻。醗酵や醸造の世界的権威として名を馳《は》せ、また日本独自の醗酵学を確立し、現代につながる応用微生物学を究めた。日本農学賞、日本学士院賞、文化勲章、レジオンドヌール賞（フランス）など、国内外から数々の栄誉を受けている。

　坂口博士は、世界に類を見ない清酒独特の製造方法やその奥深さについて、著書「世界の酒」や「日本の酒」などにまとめている。「酒博士」と尊称されるとともに、自らも酒を愛した。博学でさっぱりとした人柄は多くの人から愛され、今も博士を思慕する人は多い。歌会始の召人を務めるなど歌人としても知られ、著書「醗酵」と「愛酒樂酔」には酒を題材とした歌を多数収載している。一九九四（平成六）年十二月九日逝去。

坂口謹一郎博士

こうした状況の中、各団体は協議し、構成員の将来を見据えながら互いの活動内容を抜本的に見直し、それまで独立していた三団体を統合し新潟酒造技術研究会は結成された。

新潟酒造技術研究会は独立していた団体が統合したことにより、酒造部門や製品化部門、営業部門などのあらゆる部門で働く酒造技能者が一塊に集うこととなり、他に類をみない強力な技能者団体となった。

■新潟県酒造技術研究協議会

新潟清酒研究会、新潟酒造技術研究会によって構成されている。

年一回、現場の抱える問題の解決法などをテーマに研究発表会を開催するほか、全県的な技術的課題に県内技術者の総力を挙げて対応するための組織として機能している。

坂口記念館

上越市頸城区に建つ坂口記念館は、同地出身の坂口謹一郎博士の功績をたたえ、頸城杜氏の酒造り文化を今に伝える施設である。正式名称は「香り高き樂縫庵《らくほうあん》と酒づくりの里　坂口記念館」。

旧頸城村の大肝煎《おおきもいり》（庄屋・名主とも呼ばれる村の長）であった坂口家の堂々たる旧家の雰囲気を漂わせる「樂縫庵」には、坂口博士が好んだ囲炉裏《いろり》のある書斎が再現され、座敷で清酒の試飲ができる。敷地内は、蔵人や地元文化人との交流の場として使われた「留春亭《りゅうしゅんてい》」や、百種類もの雪椿が植えられた「雪椿園」がある。

坂口博士の業績を展示品やビデオ映像によって紹介する「酒杜《さかも》り館」には、博士が受賞した勲章や直筆の講義ノート、折に触れて詠んだ歌の数々と愛用の筆、硯《すずり》、落款《らっかん》などが展示されている。

また、同館では、蔵人が酒造りの工程で歌った「酒造り唄」の保存・継承を目的に、かつての酒造り道具が多数展示され、酒造り道具を使った酒造り唄の実演が行われている。

坂口記念館

清酒のトリビア

稲の茎を稈《かん》といい、その長さを稈長という。一般に大粒種は小粒種に比べ稈長が長い。酒造好適米は大粒種が多く、稈長が長いため倒伏しやすい。

研究発表会は二〇二三（令和五）年で第二十八回を数え、県内外から多くの参加者がある。

■新潟清酒産地呼称協会

優れた伝統技術と恵まれた醸造環境で醸される新潟清酒を「新潟ならではの酒」と意味付け、他の産地との差別化を図ることを目的に、一九九七（平成九）年に発足した。

その理念である新潟清酒の顧客の意思の尊重、新潟清酒の酒文化の振興、新潟清酒醸造環境の保護と原料の尊重、新潟清酒製造技術の錬成に基づいて運営される。具体的には、県内の酒蔵有志が定めた五つの基準に適合した商品にシンボルマークを付け、純粋な新潟県産で品質良好な清酒であることを保証している。

五つの基準とは次の通り。

・原料米は一〇〇パーセント新潟県産
・醸造地は自然豊かな新潟県
・仕込み水は醸造試験場で適正が確認された新潟の水
・精米歩合六〇パーセント以下の特定名称酒で、かつ品質管理委員会の実施する品質審査に合格したもの
・新潟の伝統の酒造りの技

商品のビンとパッケージに付けられたシンボルマークには、NIIGATA・O・Cと記され、新潟清酒を選ぶ際の指標の一つとなっている。

〈新潟酒造技術研究会を構成する旧団体〉

●新潟県酒造従業員組合連合会

江戸時代から全国各地の酒造場に出稼ぎに出ていた杜氏をはじめとする越後の酒造技能者らは、明治時代に入ると、出身地域ごとに酒造従業員組合を組織するようになる。これらの組織は、講習会などを開催して技術の研鑽を積むとともに、酒造技能者の福利や地位向上に努めるものであった。これらの組織が統合され、引き継がれたものが新潟県酒造従業員組合連合会である。

連合会は、一九五二（昭和二十七）年に新潟県内各地域の組織をもとに結成された旧・新潟県酒造従業員組合連合会と、五九（同三十四）年に発足した新潟県杜氏会が六七（同四十二）年に統合したものである。

連合会は、旧団体の事業を引き継いで酒造技術の向上に努め、労働条件の改善に取り組むなど、越後杜氏の伝統を次世代に伝えていくことを大きな目標として活動していた。

●新潟県酒造杜氏研究会

新潟県内酒蔵の杜氏・酒造技能者によって構成される組織。会員相互の親睦（しんぼく）を図り、人材の育成と技術の向上を目指し、県内酒造業界に貢献するとともに、酒造従業員の福利を増進することを目的として一九六六（昭和四十一）年に設立された。

例年、春と秋に開催される「清酒持寄（もちより）研究会」（酒質向上を目指して催される全県的な研究会）の運営主体を務めていたほか、独自のテーマを取り上げる「にいがたSAKEシンポジウム」開催などの精力的な活動を見せていた。

●新潟清酒学校同窓会

新潟清酒学校卒業生相互の研修と親睦を通じて、清酒製造業の人材育成に資することを目的とし、一九八七（昭和六十二）年に結成された。

新潟清酒学校の同窓会は清酒製造業の第一線を担う者たちの団体として期待が寄せられていた。他団体と連携しての活動のほか、近年はきき酒能力向上への取り組み、ビン詰め部門の研究会など会独自の活動も行っていた。

第二章

新潟清酒ができるまで

長い歴史の中で確立された、清酒の製法。
その複雑な工程や、原料一つ一つへのこだわり、
科学に裏付けられた確かな技術が
新潟清酒を醸し出す。

（1）原料米

現在、日本国内では約三百種類もの米が栽培されており、清酒は大部分これらの国内産米から造られている。中でも、農産物規格規程で醸造用玄米と呼ばれる米は「酒造好適《しゅぞうこうてき》米《まい》」または単に「酒米《さかまい》」といい、清酒造りに適した性質を持つ。

多くの酒造好適米は、コシヒカリなどの飯米よりも大粒で、玄米千粒当たりの重さが二十六グラム以上あり、米の中心部の白く不透明な部分「心白《しんぱく》」があるものが多い。酒造好適米が清酒造りに適しているのは、麹《こうじ》を作りやすく、醪《もろみ》の工程で適度に溶け、アルコール醗酵《はっこう》がバランス良く進むからである。

酒造好適米には「五百万石《ごひゃくまんごく》」や「山田錦」といった有名品種があるが、近年では各地で優秀な新品種が開発されたり、古い品種が復活されたりしている。こうした酒造好適米の多彩さが、バラエティー豊かな清酒を生み出しているともいえる。

酒造好適米は、一般の飯米と区別して提供される。酒造好適米の玄米は特上、特等、一等から三等まで、五種の等級に格付けされる。

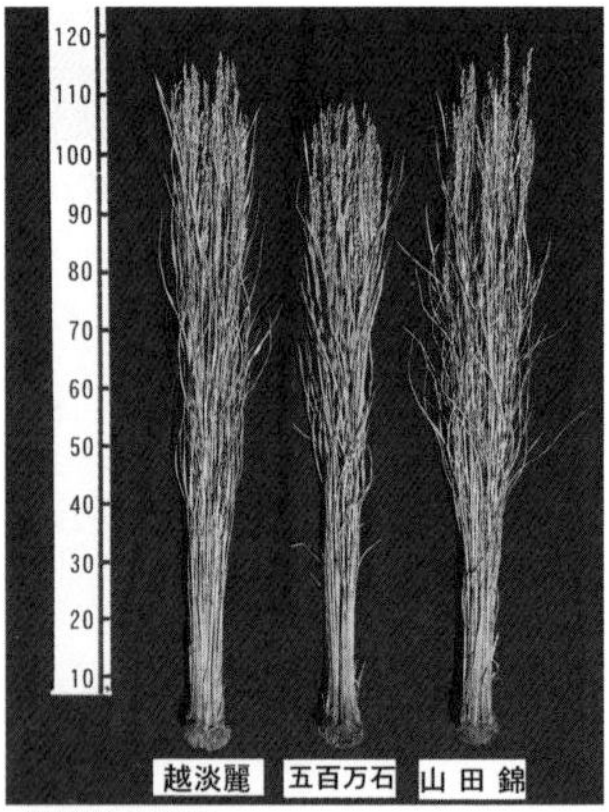

成熟期の稲株

酒造好適米の品種

新潟県は、全国的に知られる米どころであり、酒造好適米の生産も盛んである。米作りに適した環境がはぐくむこの酒造好適米が、新潟清酒独自の風味を生み出す（口絵十一ページ参照）。

また、新潟県醸造試験場では、戦前から意欲的に酒蔵好適米の研究開発が行われていて、新潟から優良な品種が生み出されている。

■五百万石

「五百万石」は一九五七（昭和三十二）年、新潟県農業試験場（現・新潟県農業総合研究所作物研究センター）で「菊水」（母）と、「新２００号」（父）の交配によって誕生した新潟の代表的な酒造好適米である。品種名「五百万石」は、同年に新潟県の米生産量が五百万石を突破したことを記念して命名された。七三（同四十八）年に新潟県の奨励品種となった。

　五百万石は「麹をつくりやすく醪にしても溶けすぎることがない」「清酒にしたときに味がくどくならず、すっきりした軽い清酒に仕上がる」「辛口の清酒に仕上げてもマイルドな味わいになる」など、酒造好適米として優れた特質がある。

　昭和五十年代から平成にかけて起きたコシヒカリブームの際は、農家の五百万石栽培が低迷し、酒造業界に原料米確保の危機感が広がった。このため、新潟県酒造組合は経済連と提携し、県内各地で五百万石を栽培する団地化の推進や種もみの助成など、幅広い対策に取り組み、この危機を乗り切った。

　酒造好適米としての新潟県内での作付割合は、第一位となっている。

●日本の酒造好適米ベスト３

品種	検査数量比率（%）	主な産地
山田錦	38.2	兵庫、岡山、山口
五百万石	20.2	新潟、富山、福井
美山錦	7.0	長野、秋田

※農林水産省　平成29年産米の農産物検査結果
平成30年３月31日現在の速報値より

新潟県をトップに福井・富山・兵庫・石川各県が主要な栽培県で、山田錦と並んで酒造好適米の代表的な品種となっている（資料編一五二ページ参照）。

■越淡麗《こしたんれい》

「越淡麗」は酒造好適米として人気の高い「山田錦」を母に、「五百万石」を父として、二〇〇四（平成十六）年に新潟で誕生した。「越淡麗」という名は、当時の新潟県知事・平山征夫《いくお》氏によって命名された。

「大吟醸酒の醸造にも対応でき、新潟県での栽培に適した画期的な酒米新品種を開発することで、新潟県産米を一〇〇パーセント使用した淡

清酒のトリビア

新潟県には三十の市町村があり、蔵元のある市町村は21（17市、3町、1村）。蔵元数のトップ3は長岡市16、新潟市15、上越市12。

※新潟県酒造組合加盟蔵元

麗な新潟清酒のさらなる需要拡大を図り、地酒王国としての地位を確固たるものとする」ことを目標に、新潟県農業総合研究所作物研究センター、新潟県醸造試験場、新潟県酒造組合が協力して十五年の歳月をかけて研究し、五百万石と山田錦の長所を併せ持つ新品種として誕生させた。二〇〇六（平成十八）年から仕込みに使われている。

育成の早い段階から醸造特性を重視して選抜された越淡麗の主な特性は、精米歩合の数値を低くしても砕けにくい、吸水性に富んで良い＊蒸米《むしまい》に仕上がる、麴での溶けがよい、タンパク質含有量が少なく後味のキレがよい、膨らみのある酒になる、などである。

試験的に醸造された「越淡麗」の大吟醸酒は、「五百万石」のすっきりとした後味と「山田錦」の膨らみのある味わいの両方がよく出ていると絶賛された。

「越淡麗」の誕生で、新潟清酒のバリエーションが大きく広がることが期待され、新潟県酒造組合では「五百万石」と並ぶ酒米としてブランド確立を目指している。

＊「じょうまい」ともいう

■たかね錦

「たかね錦」は、長野県農業試験場で「北陸12号」を母、「東北25号（農林17号）」を父に誕生した酒造好適米である。酒造好適米としてはやや小粒で心白の発現にばらつきがあるが、膨らみのある酒質には定評がある。

■一本〆《いっぽんじめ》

「一本〆」は新潟県農業試験場で「五百万石」（母）と、「豊盃《ほうはい》」（父）の交配によって誕生した。

栽培する上で「倒伏しやすく収量性が不十分」「耐冷性に劣る」、また醸造する上では「精米歩合の数値を低くすると砕けやすい」といった五百万石の欠点を克服した品種を開発するために、新潟県農業試験場で育成された。一九九三（平成五）年に「一本〆」と命名された。

耐冷性に優れ、精米歩合の数値を低くしても砕けにくく、吟醸酒《ぎんじょうしゅ》などの原料米として使われている。しかし、倒れにくく作りやすい栽培特性が肥料を多用して収量を上げる栽培につながり、米質の低下を招いたため、次第に使用量が減少した。現在は厳格な契約で米質を維持した少量の栽培が行われている。

米の構造

玄米は外側から順に果皮、種皮で覆われている。その内側には、タンパク質や脂質、ミネラル分などが存在する糊粉層《こふんそう》と呼ばれる層があり、ここには発芽の際に必要な酵素や、フィチンという栄養物質などがある。また、胚芽《はいが》は、発芽に必要なタンパク質やビタミン類を多く含んでいる。

清酒を造る上で重要なのが、糊粉層よりもさらに内側、玄米粒の中央にある「心白《しんぱく》」と呼ばれる円形（または楕円《だえん》）の不透明な白色の部分である。多くの酒造好適米のような、心白がある米を「心白米」という。心白部分は米の組織が粗く、たくさんのすき間が空いた状態になっているため、心白米は吸水性が高く、蒸米の溶解性も高い。さらに、麹菌《こうじきん》が食い込みやすいので酵素力の高い、良い麹ができる。このように心白は清酒の製造工程全般にわたって大き

●玄米の外部形態

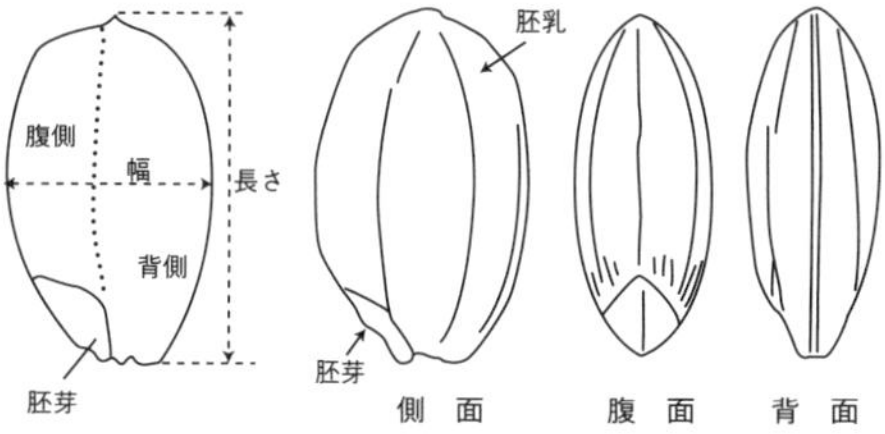

※日本酒造組合中央会
「プロサービスマンのための日本酒サービスと知識『日本酒マニュアル』」より

●玄米の内部構造

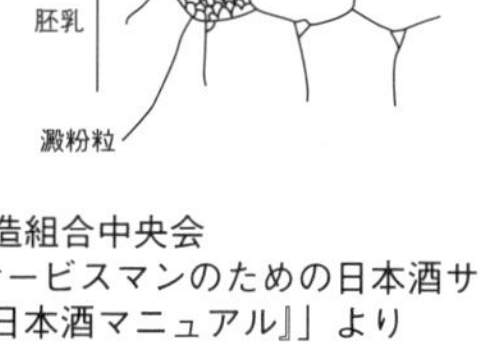

※日本酒造組合中央会
「プロサービスマンのための日本酒サービスと知識『日本酒マニュアル』」より

玄米の粒（中心部分が心白）

清酒のトリビア

新潟県内市町村別蔵元数① 村上市2、新発田市4、阿賀野市3、五泉市2、阿賀町2、新潟市15、弥彦村1、佐渡市5、三条市1、加茂市3。

※新潟県酒造組合加盟蔵元

な影響を及ぼすのである。

米の成分

■炭水化物

炭水化物（糖質）は玄米の七〇〜七五パーセントを占め、そのほとんどがでんぷんである。炭水化物とはブドウ糖のような単糖類やこれらが構成単位となるでんぷんのような化合物の総称である。

清酒製造では、麹がでんぷんを分解して生成したブドウ糖を酵母が醗酵し、アルコールと二酸化炭素を作り出す。ブドウ糖の一部はそのまま酒の甘味成分となる。さらに、糖化酵素の作用によって、ブドウ糖が数個つながったもの（多糖類という）も生成され、味の幅やこくの形成に役割を果たす。

■タンパク質

玄米に含まれる七〜八パーセントのタンパク質は、清酒のうま味や苦味などに影響を与える。

■脂質

玄米中に二パーセントほど含まれる脂質は、清酒の香り成分の生成に影響を与える。

脂質は玄米の外側に多く存在するが、内側にいくに従って不飽和脂肪酸の割合が低くなり、清酒の香りを高くする飽和脂肪酸の割合が高くなる。香りの良い吟醸酒を造る際、精米歩合の数値を低くして米を磨き込み、米の内側部分だけで造りを行う理由の一つはこれである。

■ミネラル

ミネラルは玄米の外側、胚芽部分に多く、玄米中に一パーセントほど含まれる。清酒造りに重要なミネラルは、カリウム・リン・マグネシウム・カルシウムの四つだが、通常は白米、水から必要量が供給されている。

■ビタミン

ビタミンは胚芽部分に多く、主にニコチン酸・B_1・B_2・B_{12}などの水溶性ビタミンB類が含まれる。

(2) 醸造用水

水はさまざまな産業で必要とされるものだが、中でも清酒造りは、良質な水を多く必要とする。

新潟の酒造りに用いられる水のほとんどは、水源が比較的浅く、ミネラル分の少ない＊軟水《なんすい》である。ミネラルの少ない軟水を使用すると、醗酵《はっこう》が穏やかに進む半面、醗酵の停滞を招かないように高度の技術が要求される。また、軟水で仕込んだ清酒は軽くきれいな味になる。

一方で、兵庫県灘《なだ》地区など、硬水《こうすい》を使用して酒を醸している地域もある。硬水は醗酵が旺盛に進むため失敗が少なく、技術が未発達だった時代は清酒造りに適した水として高く評価された。

清酒造りに使われる水は、その目的によって大きく醸造用水とその他の用水に分けることができる。その量は、仕込み水として使われる量の四十倍ほどといわれている。食品産業で用いられる水は水道水の基準を満たすことが最低条件であるが、醸造用水はさらに厳しい条件をクリアしなければならない。

＊ 水に含まれるミネラル分の量を表す度合を硬度という。ミネラル分が少なく硬度の低い水を軟水、ミネラル分が多く硬度の高い水を硬水と呼ぶ。

清酒のトリビア

新潟県内市町村別蔵元数② 長岡市16、小千谷市2、魚沼市2、南魚沼市3、湯沢町1、十日町市2、津南町2、柏崎市3、上越市12、妙高市3、糸魚川市5。

※新潟県酒造組合加盟蔵元

●醸造用水としての条件　（　）内は水道水の水質基準

鉄	0.02ppm以下で、含まれないことが最適（0.3ppm以下）
マンガン	0.02ppm以下で、含まれないことが最適（0.05ppm以下）
亜硝酸性窒素	検出されないこと（10ppm以下）
有機物（過マンガン酸カリウム消費量）	5ppm以下であること（10ppm以下）
アンモニア性窒素	検出されないこと
細菌酸度	0.5ml以下
色沢	無色透明であること
臭気	異常でないこと
味	異常でないこと

※醸造用水としての条件は日本醸造協会『清酒製造技術』、水道水の水質基準は厚生省令第69号より

醸造用水の成分

水にはさまざまな成分が溶け込んでおり、その量はわずかであるが、清酒造りに有効な成分と、有害な成分がある。

■有効成分

麹菌《こうじきん》と酵母の増殖を助ける重要な成分としてカリウム・リン酸・マグネシウムなどがある。これらが不足すると麹《こうじ》をつくる際の麹菌や、酒母《しゅぼ》をつくる際の酵母の増殖が遅れ、清酒造りを正常に管理することが難しくなる。

これらの成分は蒸米《むしまい》の中に十分に含まれており、醸造用水中に不足していても、蒸米から溶け出す分で十分であるといわれている。しかし、カリウムについては、洗米《せんまい》と浸漬《しんせき》工程で米から流れ出やすく、処理法によっては不足して醗酵が停滞する場合もある。これを逆手に取り、流水で米を浸漬する「掛流《かけなが》し」を行ってカリウムを流出させ、醗酵の急進を防ぐ技法もある。

リン酸は米の中では単独で存在しているよりも、脂質やタンパク質などと結合していることの方が多く、酵素によって分解されてから利用される。

■有害成分

用水中の有害成分、特に鉄とマンガンについては、水道水の基準以上に厳しい基準で管理される。

鉄は、清酒の色を濃い赤みがかった褐色に変色させ、品質を大きく損なうため、清酒造りにおいて、最も嫌われる有害成分である。酒造用水に含まれる鉄分は〇・〇二ppm以下でなければならないとされている。これは上水道の水質基準の十分の一以下である。

また、清酒は、直射日光にさらされると数時間で著しく着色が進む。

鉄分で赤みがかった褐色に着色した清酒（右）
▶カラー写真は16ページへ

これを日光着色という。日光による着色物質の生成はマンガンの存在で促進されるため、鉄と同様にマンガンの許容量も〇・〇二ppm以下とされている。

(3) 酒造工程の流れ

清酒を造る工程を順を追って概略すると次の通りである（四八ページ酒造りチャート参照）。

まず、雑味のない清酒を造るため、玄米の表面に多く含まれるタンパク質や脂肪、ミネラルなどを精米によって取り除く。精米後の白米は、洗って水を吸わせた後に蒸して、蒸《むし》米《まい》にする。蒸米の一部で麹《こうじ》をつくり、この麹と蒸米・水・酵母を混合して酒母《しゅぼ》をつくる。

次に、蒸米、麹、酒母、水を合わせて醪《もろみ》を仕込み、醗酵《はっこう》を開始する。蒸米などの原料は一度に全量をタンクに投入するのではなく、三回に分けて行う。これを三段仕込みといい、醗酵を順調にスタートさせるために編み出された先人の知恵である。

アルコール分が一八パーセント前後に達すると醗酵が終了するので、醪を搾り、酒粕《さけかす》と分離する。醸造アルコールを使用する酒の場合は搾る前の醪に添加する。搾った酒はしばらく寝かせて滓《おり》を沈澱させて除き、ろ過・調合して火入れ殺菌をする。さらに数カ月貯蔵して熟成させた後、割水《わりみず》を行ってビンに詰め、出荷となる。

(4) 原料処理

精米

精米の目的は、玄米の外側の部分に多く含まれる、清酒造りに不都合な成分を取り除くことである。玄米の表層部や胚芽《はいが》に含まれるビタミン類やミネラルは、麹菌《こうじきん》や酵母菌の増殖、醗酵《はっこう》促進にとって十分過ぎるため障害となる。また、米粒の外側には清酒の香りや味を劣化させる脂質やタンパク質も多く含まれている。酒質の低下を招くこれらの不必要な成分を、精米によって削り除く。

酒造原料の白米は、飯米用のものより格段に磨かれている。白米と精

清酒のトリビア

井原西鶴の『好色一代女』（貞享三年＝一六八六）には、「口に合わない京都の酒の替わりに、国元の村上の酒を飲む」と新潟の酒が登場している。

●酒造りチャート

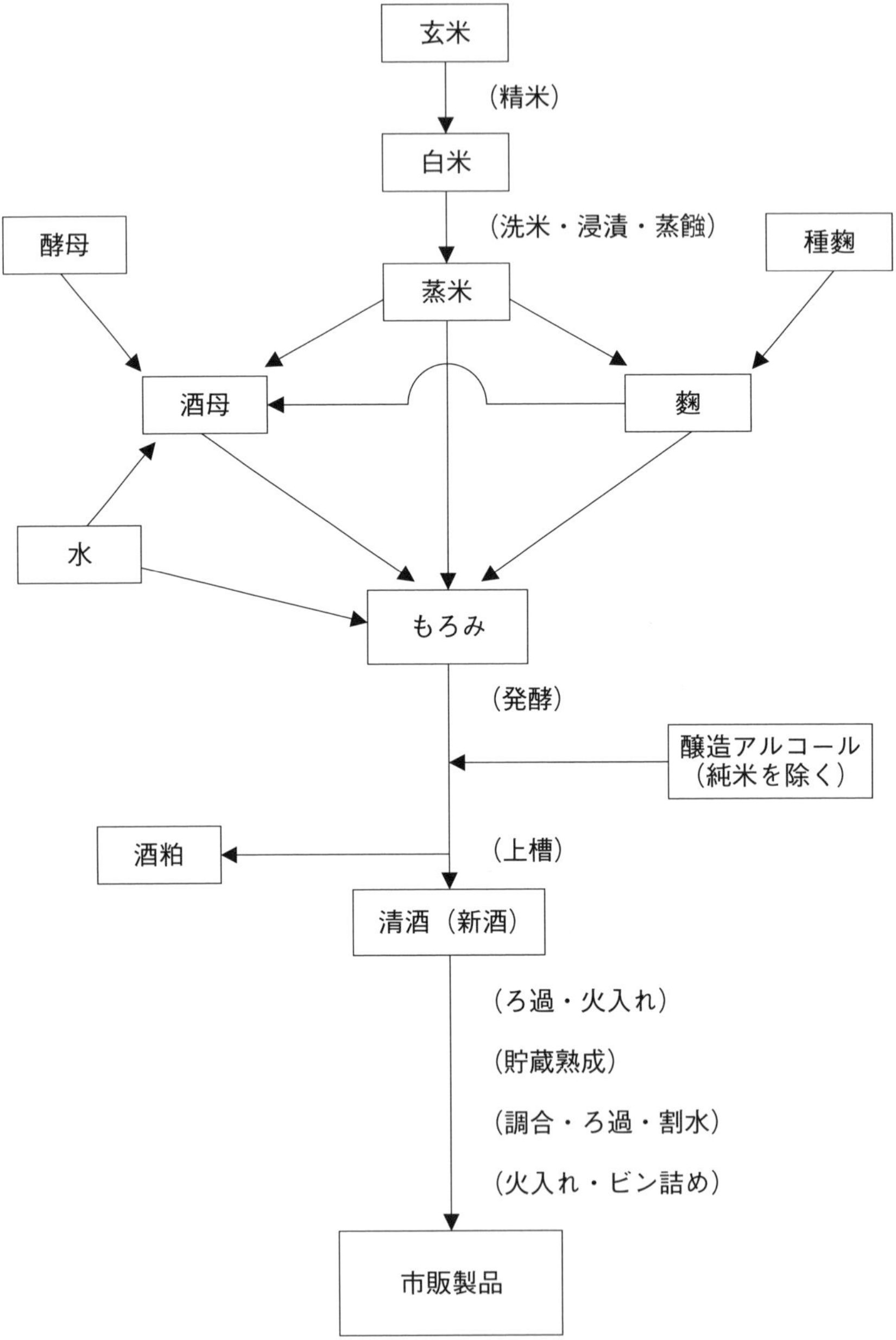
玄米
（精米）
白米
（洗米・浸漬・蒸餾）
酵母
種麹
蒸米
酒母
麹
水
もろみ
（発酵）
醸造アルコール（純米を除く）
酒粕
（上槽）
清酒（新酒）
（ろ過・火入れ）
（貯蔵熟成）
（調合・ろ過・割水）
（火入れ・ビン詰め）
市販製品

米前の玄米の重量比（精米前後の歩留まりのこと）を「精米歩合」といい、一般に米を磨くほど、つまり精米歩合の数値が低いほど酒は雑味が少なく、品質の高いものになる。飯米の精米歩合は九〇～九二パーセントなのに対し、酒造原料米は普通酒で七〇パーセント程度、吟醸酒《ぎんじょうしゅ》で六〇パーセント以下、大吟醸酒では五〇パーセント以下となる。新潟の清酒造りにおける精米歩合は平均五七・八パーセント（平成二十八年）と非常に低い（資料編一五二ページ参照）。

　醸造用の精米は、飯米用の精米に比べて少しずつ時間をかけて目的の精米歩合まで削っていく。短時間で精米しようとすると、白米にストレスがかかり、また摩擦熱も大きくなるため砕米《さいまい》（砕けた米）の発生が多くなる。吟醸酒用の白米のように精米歩合の数値が低いものは非常に砕けやすいので、時間をかけて慎重に精米する。大吟醸用の精米歩合三五パーセントになると所要時間は七十二時間以上にも及ぶ。

　玄米の芽や溝が完全に除かれ、米の全面が均等に削られて粒の形が均一であり、破砕した米がまじっていないものが、良い精米といえる。

　精米時には、摩擦熱によって米の温度が上昇するため、長い時間精米していると、米の水分が蒸散してしまう。米の内部の水分量はあまり変化しないが、外側周辺部の水分量が低くなり、米粒の内側と外側で水分含有量にムラが出てくる。このような状態は、吸水速度のばらつきや砕

清酒のトリビア

新潟市江南区小杉の法幢寺には、「門前の酒屋に毎日酒を買いに来る小僧が地蔵だった」という伝説で知られる酒呑み地蔵がまつられている。

●精米歩合の異なる米の比較

玄米

精米歩合60%

精米歩合38%

米の発生につながる。そこで、精米後の米を二〜三週間放置しておくことで温度を下げ、さらに米粒内の水分分布を均一にする。これを「枯《か》らし」という。最近の研究により、従来の枯らし法より白米保管を密閉状態にした場合に白米の割れの発生が少なく、洗米・浸漬時の割れも軽減されることが明らかとなったため、密閉状態で保管する蔵が増えている。

洗米《せんまい》

精米した米の表層部に残っている糠分《ぬかぶん》を取り除くため、水洗いをする。これを「洗米」という。

水で米を洗うため、米に含まれるカリウムやタンパク質、でんぷん粒などが流れ出ると同時に、米の重量の一〇〜二〇パーセントの水が米に吸収される。

洗米（吟醸米）

浸漬《しんせき》

「浸漬」は、この後に続く工程で米を蒸気によって加熱する（蒸す）際に完全な蒸米《むしまい》になるよう、米粒の芯《しん》まで水を適度に吸収させる工程である。硬い結晶構造を持つ生の米のでんぷんに水が入り、熱を加えることででんぷんが糊化《こか》することを「α化（アルファ化）」というが、浸漬はこのα化が順調に行われるようにするために行う。

浸漬（吟醸米の限定吸水）

吸水時間は、米の品種や状態によって異なり、数分間から、一昼夜という長時間に及ぶこともある。吸水率*は蒸米の用途によって二八～三〇パーセントが標準となる。

＊　洗米と浸漬後に米粒内部に吸収される水の割合

■限定吸水

目標とする吸水率を超えると軟らかい蒸米となり、後の工程に悪影響が出るため、浸漬時間を決めて短く調節する手法をいう。

限定吸水を行う際には、米の表面に付着した水分を考慮して浸漬時間を調整しなければならない。さらに、米の吸水速度は、米の品種、精米歩合や浸漬水の温度などに左右される。吸水不足による生蒸《なまぶ》けにつながりやすいため、限定吸水には細心の注意を要する。

■吟醸米の浸漬

吟醸酒には精米歩合六〇パーセント以下の米が使われる。吟醸造りでは特に目標通りの正確な吸水が要求されるが、高度に磨かれた米は吸水が速く、吸水過多になりやすいため、限定吸水を行うことが多い。

吸水した吟醸米は、もろく、壊れやすいため、洗米や浸漬を手作業で行うことが多い。

蒸𩛰《じょうきょう》

適度に水を吸収させた生米を蒸すことで、米のでんぷんをα化し、麹菌が生産する糖化酵素の作用を受けやすい蒸米をつくる。この工程を「蒸𩛰」という。蒸𩛰は、加熱によって米を殺菌することにもなり、以後の醸造工程の汚染予防にもつながる。

蒸𩛰設備には、昔から使われている「甑《こしき》」と呼ばれる蒸し器と、米を連続的に移動させて蒸す「連続蒸米機」がある。

甑には、底の中央に釜で発生した蒸気が噴き出す甑穴があり、その上に蒸気を分散させる「コマ」「さな」と呼ばれるすき間のある組み板の台を置き、その上に浸漬した米を置く。米を置く順序は、下から留添《とめぞ》え・仲添え・初添え用の掛米《かけまい》・酒母米《しゅぼまい》・麹米とする。蒸し時間は蒸気が米の層を抜けてから四十五～六十分程度で、予定時間が経過したら、蒸気を

清酒のトリビア

四十九年一睡夢　一期栄華一盃酒―四十九年の生涯は一睡の夢　この世の栄華は一杯の酒―。大酒豪家であったと伝えられる上杉謙信辞世の詩。

止めて蒸米を取り出す。以前は杉材で作られた甑が使われていたが、最近は、アルミニウムやステンレス製の甑が多く使われている。

　連続蒸米機には、米をベルトコンベヤーに載せ、蒸気の層の中を連続的に移動させて蒸す「横型連続蒸米機」と、円筒の上から連続的に米を入れ、下から蒸気を送り込んで蒸し、蒸し上がった米を下から落とす「竪《たて》型《がた》連続蒸米機」がある。

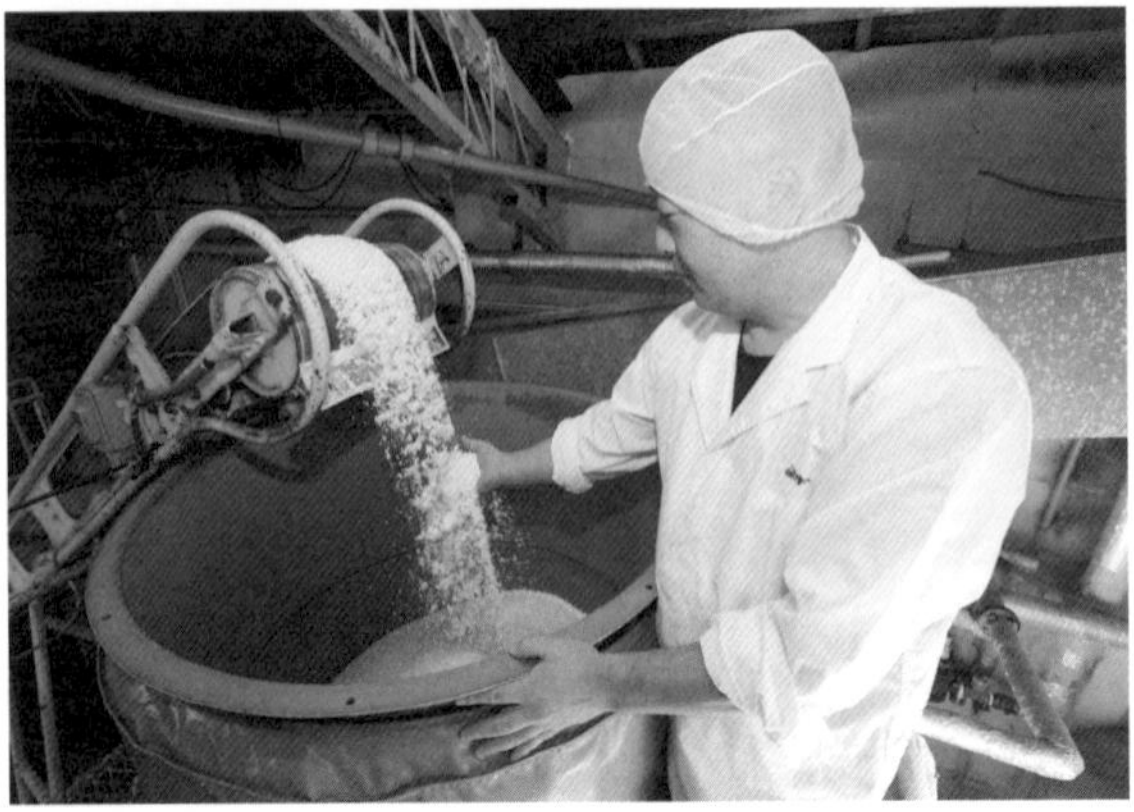
洗米、浸漬の工程を経た白米を甑に入れ蒸蝕する

　蒸米は、さばけがよくて「外硬内《がいこうない》軟《なん》」なものが良いとされる。つまり、表面が硬く内部に弾力があり、適度な硬さを持ち、表面がべたつかず、パラパラとして米粒同士がくっつかない状態のことで、完全にα化された蒸米をいう。この蒸米の硬軟は、以後の製麴《せいきく》管理と醪《もろみ》中の米の溶解に大きく影響するため、醸造上とても重要な工程となる。

　蒸米は麴に使用されるものと、酒母や仲添え、留添えに掛米として使用されるものがあり、蒸し上がった米はそれぞれに適した温度まで冷ます。この作業を「放冷」という。冷まし方には、布を敷いたムシロやスノコの上に蒸米を広げ、外の冷気を入れてさらす昔ながらの手法と、放冷機を用いて蒸米にファンで強制的に空気を通して冷ます方法がある。冷まし終えた蒸米は、使用する目的に応じて麴室《こうじむろ》や仕込みタンク内に運

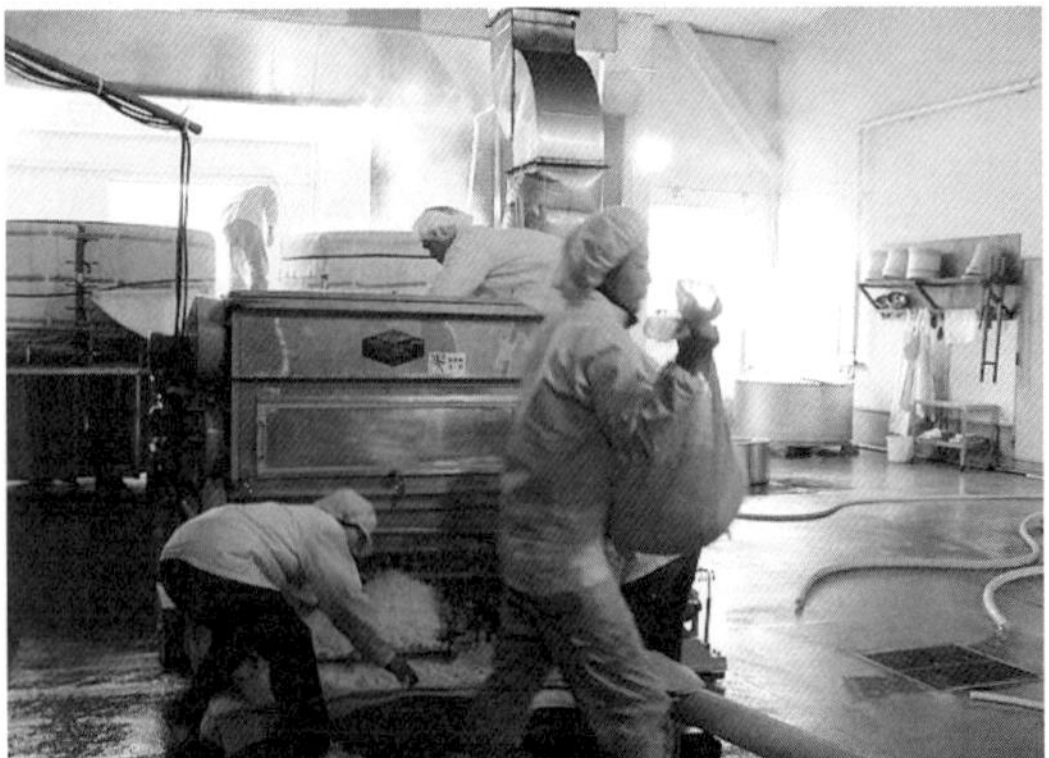
放冷機から蒸米を取り出す様子

蒸米の放冷

放冷した蒸米を運ぶ

ばれる。

(5) 麹《こうじ》

麹とは蒸米《むしまい》に麹菌を繁殖させたもので、「米麹《こめこうじ》」ともいい、麹が清酒造りの基本である「糖化」と「醗《はっ》酵《こう》」のうちの、糖化を行う。

清酒造りでは、蒸米のでんぷんを醗酵してアルコールに変えなければならない。でんぷんは多数のブドウ糖がつながった構造を持ち、分子が大きいため、酵母は直接醗酵することができない。そこで、麹菌が作り出す酵素によって、酵母が醗酵を起こせるようにでんぷんを分解する。

清酒造りが進む途中で、麹菌自体は醪《もろみ》の中でやがて死滅してしまうが、麹菌が作り出した酵素は醪の中でも活性を維持し、蒸米のでんぷんやタンパク質を酵母が利用できるブドウ糖やアミノ酸に変える働きをする。

麹菌

清酒の製造に使われている麹菌は「黄麹菌」と呼ばれ、アミラーゼという酵素を生産する力が強い。清酒以外にも味噌や醤油を造るときに使われる麹はこの仲間である。変わったところでは、紅色の色素を生産する紅麹菌があり、新潟県醸造試験場

清酒のトリビア

奈良県桜井市の三輪明神（大神《おおみわ》神社）と京都市西京区の松尾大社、同右京区の梅宮《うめのみや》大社は共に、酒造の神として古くから信仰を集めている。

が開発した「あかい酒」に使われていた。

吟醸麹

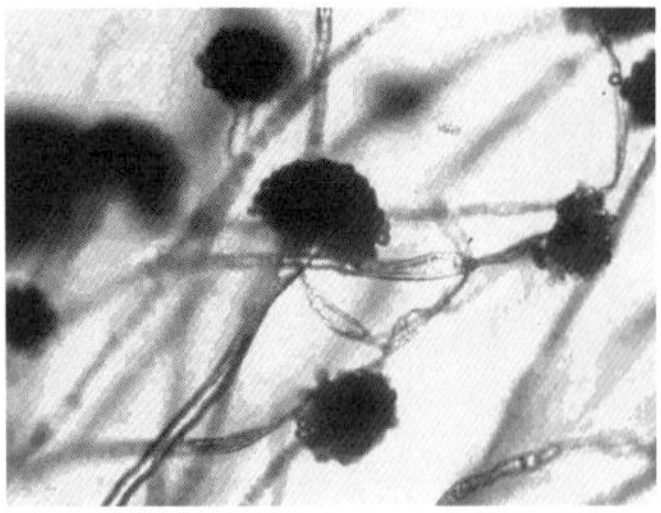

黄麹菌

ひといきコラム

ここで一杯。 あかい酒

麹の一部に紅色の色素を生成する「紅麹菌」を使用した、紅色の清酒。新潟県醸造試験場と新潟県酒造組合が清酒の新しい分野を探求し、新規需要開拓を目指して二人三脚で取り組み、開発した。紅麹は「モナスカス」と呼ばれる糸状菌で、蒸米《むしまい》に増殖させると紅色の色素を生産する。紅麹の独特の風味があり、一九七〇（昭和四十五）年十一月の発売以来、長年にわたり新潟の特産清酒として親しまれていた（口絵一六ページ参照）。

製麹《せいきく》

麹をつくる作業を「製麹」といい、温度と湿度を調整できる「麹室《こうじむろ》」と呼ばれる部屋で行われる。蒸米には麹菌が働くための適度な水分と栄養源が含まれている。麹菌は適度な温度と湿度の麹室の中で、蒸米上に麹菌の胞子《ほうし》が接種され、やがて発芽、増殖していく。

このように麹菌の増殖をうまく調節して理想的な麹に導くのが製麹である。製麹は使う器具の種類によって、蓋麹法《ふたこうじほう》、箱麹法、床《とこ》麹法、機械麹法などに分類されるが、麹菌の増殖を温度・湿度条件の微妙な調節によって制御する原理はどれも共通である。製麹には、約四十八時間かかる。

床麹法

箱麹法

蓋麹法

●製麹《せいきく》の工程

引き込み
↓
床《とこ》もみ
↓
切り返し
↓
盛り
↓
仲《なか》仕《し》事《ごと》
↓
仕舞仕事《しまいしごと》
↓
出《で》麹《こうじ》

■引き込み

製麹は、放冷した蒸米を麹室に入れることから始まる。この工程を「引き込み」という。麹室では蒸米の温度を均一にするため、床《とこ》の上に広げた蒸米を随時ひっくり返したり、場合によっては蒸米を積み上げて布を掛けたりしておく。

■床もみ

麹室に引き込んで蒸米の温度や水分が全体に均一になったら、床の上に広げた蒸米に、種麹《たねこうじ》を振り掛けてよく混ぜる。この工程を「床もみ」という。床もみの後は蒸米を積み上

種麹を振り掛けるようす

清酒のトリビア

適度なお酒は「百薬の長」。清酒の適量は一般的には一日二合程度といわれているが、自分の適量をよく知って、おいしいお酒を楽しもう。

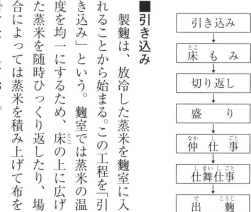

げて布や布団で覆う。引き込み量の多い製麴では、引き込み前に種麴を振り掛け、麴室では温度調整だけを行う酒造場もある。床もみが終わったときの蒸米の温度を「もみ上げ温度」という。床もみ時の水分は麴菌の発芽速度と、温度は増殖とそれぞれ深い関係がある。

■切り返し

床もみが終わって約十時間経過すると積み上げた蒸米の外部と内部の水分差が大きくなる上、蒸米が互いにくっつき、固い塊になる。そこで、蒸米の温度と水分を均一にし、さらに内部に酸素を供給するため、塊を崩してほぐす。この工程を「切り返し」という。切り返し後は再び積み上げて布や布団で覆う。

麴づくりのようす

■盛り

切り返し後約十二時間経過すると、麴菌の繁殖によって蒸米に白い斑点が見えるようになる。そのままにしておくと、麴菌の過度な増殖によって発熱が起こり、正常な製麴ができないため、蒸米をもみほぐし、温度調節をしやすくするために一定量ずつ器に小分けする。この工程が「盛り」で、以後の麴菌の増殖速度を調節する重要な作業である。小分けする器の形式により、蓋、箱、床などの名称がある。

●盛り（蓋麴法）

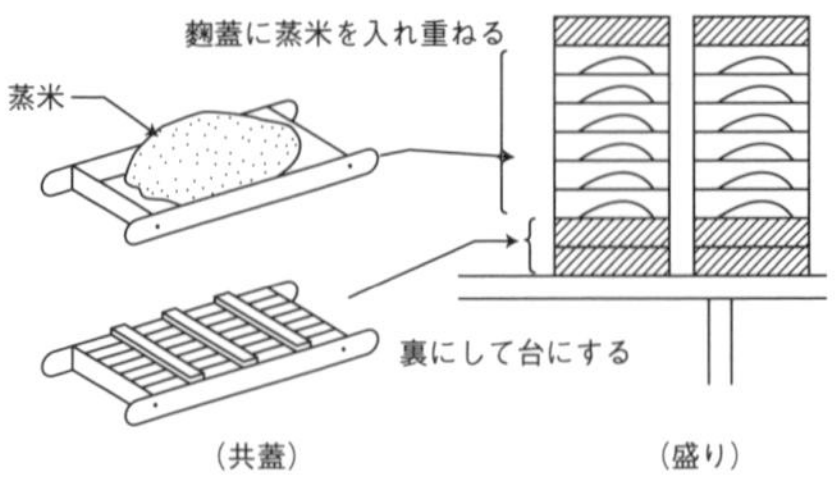

※㈶日本醸造協会
「増補改訂　最新酒造講本」より

■仲仕事

盛りが終わってから七～九時間が経過すると、麹菌の増殖によって蒸米の温度は上昇する。そのままでは盛った蒸米の場所によって温度・麹菌の増殖具合に差が出てしまう。さらに、麹菌の旺盛な増殖によって急速に温度が上がる。このため、蒸米をよく混ぜて温度と水分を均一にし、蒸米層の厚さを盛り時より薄くする。この工程を「仲仕事」という。

■仕舞仕事《しまいしごと》

仲仕事の後六～七時間が経過すると、蒸米の温度が三七～三九度まで上昇するので、再びよく混ぜて均一にし、さらに蒸米層を薄く広げて水分発散を促し、温度上昇を抑える。この工程を、「仕舞仕事」という。

■出麹《でこうじ》

仕舞仕事後、麹菌の増殖はピークに達し、温度もさらに上昇する。香りも麹らしい芳香を発するようになる。麹の状貌《じょうぼう》（外観）と香りから麹の出来上がりを判定し、製麹作業を終了して器から取り出す。これを出麹という。出麹後の麹は速やかに乾燥、放冷し、麹菌の増殖を止める。

(6) 酒母《しゅぼ》

清酒造りにおいて、「一麹《こうじ》（製麹《せいきく》工程）、二酛《もと》（酒母工程）、三造り（醪《もろみ》工程）」という言葉があるように、酒母工程は製麹工程に次ぐ重要な工程の一つである。

酒のアルコールは、酵母の働きによって作られるが、この酵母を純粋に大量培養したものを「酒母（酛《もと》）」と呼ぶ。酒母をうまく育成するには、雑菌となる他の微生物をいかに淘汰《とうた》し、醸造に必要な優良酵母だけをいかに数多く、また健全に育てられるかが重要になる。さらに、酒母にはもう一つ重要な役割がある。それは、醪の酸度を上げて雑菌の増殖を抑え、醗酵《はっこう》が健全に進むよう導くことである。そのため、適度な酸を含むことが求められる。

酵母は直径四～六マイクロメートル*、長さ五～八マイクロメートルの卵形をしている。自然界にはそれぞ

清酒のトリビア

アルコールは肝臓で分解される。大量の飲酒や継続した飲酒は肝臓に負担をかける。一週間に一～二日の休肝日を設けて肝臓をいたわろう。

れ特性を持った多種多様な酵母が存在するが、清酒造りには分類上サッカロミセス属に属し、清酒造りに最適な性質を持つ酵母「清酒酵母」のみが使われる。ほかに、ビールにはビール酵母、ワインにはワイン酵母、パンにはパン酵母というように、それぞれに最適な酵母があり、長い歴史の中で選抜され、使い分けられてきた。

なお、清酒酵母は一般販売はされておらず、酒造免許を持つ酒蔵のみが入手可能である。

酵母を培養してつくられる酒母

＊　一マイクロメートルは百万分の一メートル

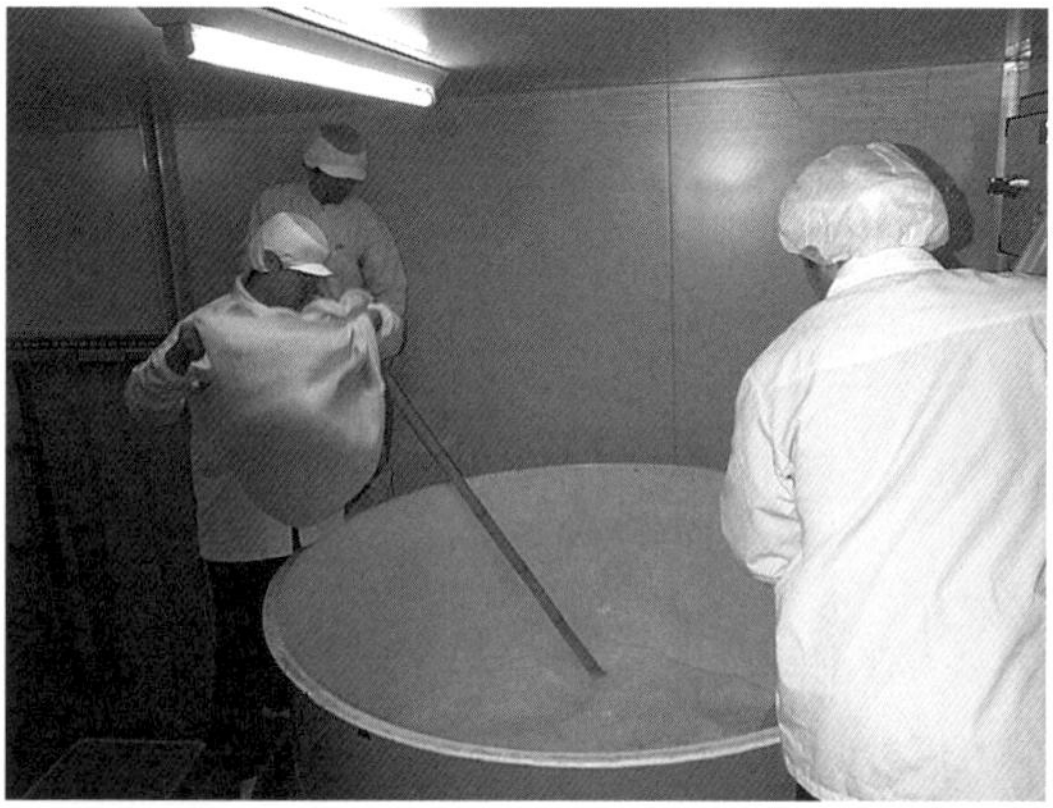
酒母づくりのようす

酒母の種類

蒸米《むしまい》、麹、水および清酒酵母によって仕込まれる酒母は、仕込み方法によって大きく二つに分けられる。

■速醸《そくじょう》系酒母

速醸系酒母は、仕込み当初に必要な量の醸造用乳酸を添加して、雑菌が育ちにくい酸性とし、細菌の繁殖を防ぎながら優良酵母だけを純粋に培養する酒母製造法である。

速醸系酒母は仕込み当初から乳酸が存在するため、雑菌に汚染される恐れが少なく、安定した品質の酒母がつくりやすい。また、育成日数も短く効率的であるなどの利点がある。

速醸系酒母には、普通速醸酒母・高温短期速醸酒母・希薄酒母・高温糖化酒母などがある。現在、清酒の大半はこの速醸系酒母で造られている。なお、普通速醸酒母の原型は、一九一〇（明治四十三）年に新潟県出身の大蔵省醸造試験所技師・江田鎌治郎によって考案されたといわれる。

■生酛《きもと》系酒母

生酛系酒母は、酒母の中で乳酸菌を増殖させ、この乳酸菌によって乳酸を生成させる方法である。

この方法は、江戸時代に確立された伝統的なもので、仕込み後、酒蔵にすみ着いている乳酸菌が増殖して乳酸を生成し、さらに酵母が増殖することによって約一カ月かけて酒母が完成する。本来は蔵にすみ着いた酵母が増殖するのを待つが、近年は優良清酒酵母を添加増殖させる場合が多い。出来上がった酒母は酸、アミノ酸を多く含み、乳酸醗酵特有の風味がある。

生酛系酒母には、生酛の製造工程で最も労力を必要とする「山卸《やまおろし》」という作業を廃止した改良型で、明治末期から普及した山廃酛《やまはいもと》がある。

生酛系酒母は、製造工程に乳酸醗酵を含み、香味が複雑で個性的になる傾向があるため、製造する酒の種類によって速醸系酒母と使い分けるところが多い。酒質の多様化の手段として近年山廃酛を中心に生酛系酒母を手掛ける酒造場も増えている。

新潟清酒の酵母

新潟清酒の醸造には、日本醸造協会から供給される「きょうかい酵母」や新潟県醸造試験場から供給される酵母が主に使われる。きょうかい酵母も醸造試験場の酵母も優良な清酒酵母である。

清酒酵母にはさまざまな種類があるが、それぞれの特性を考慮し、酒造特性や求める芳香の種類などから、各酒蔵がそれぞれの酒に適した

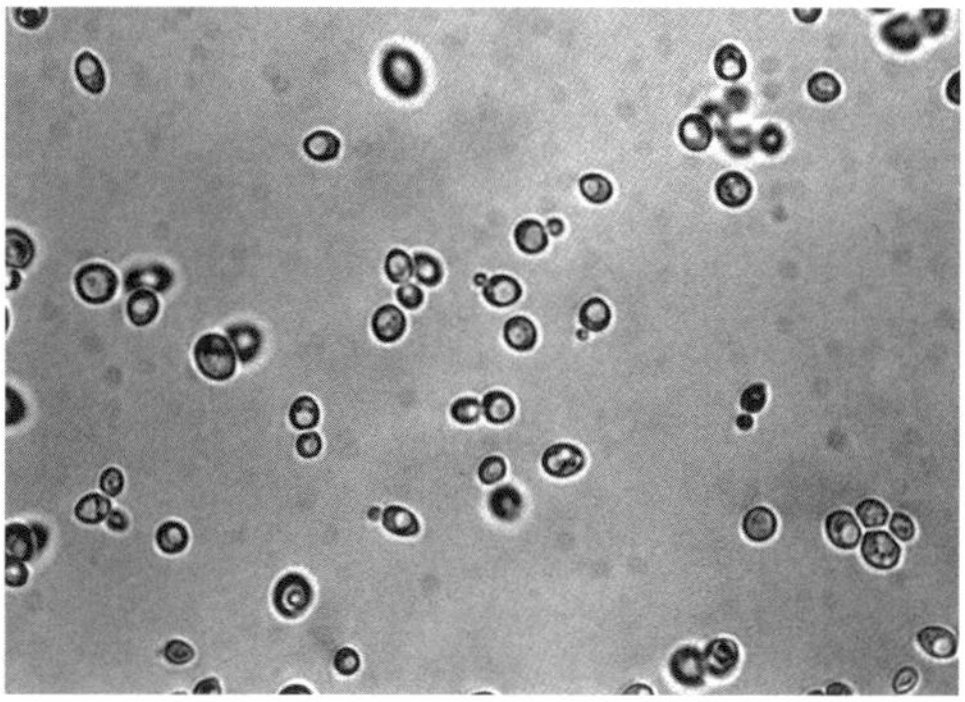

新潟吟醸酵母

清酒のトリビア

幕末期の越後・佐渡には八百五十の酒蔵があり、一八七九（明治十二）年には千二百にも増えた。その後変遷を経て現在の数となった。

※新潟県酒造組合加盟蔵元

酵母を使い分けている。近年、他県との差別化を図るため、各県で独自の酵母の開発が盛んである。

(7) 醪《もろみ》

醪とは、酒母《しゅぼ》、麹《こうじ》、蒸米《むしまい》、水を醗《はっ》酵《こう》タンクに投入して醗酵させたものをいう。醪は徐々に醗酵し、アルコールや酸などが生成して酒らしくなっていく。

清酒の醪には開放醗酵、並行複醗酵、三段仕込みなどの製法上の特徴がある。

〈開放醗酵〉

清酒は医薬品工場のような完全無菌の工場で造られるわけではなく、清酒醪の醗酵タンクは開放状態に近い。つまり、周囲からさまざまな微生物が入り込む余地が残されているのだが、醪が汚染されることもなく順調に醗酵が進行する。これは、清酒の醗酵が微生物の性質を巧みに応用し、有用な菌のみが活躍できる仕組みを持っているからである。このような醗酵方法を開放醗酵という。

〈並行複醗酵〉

清酒醪中では、①麹の酵素によって米が糖化され、②生成した糖を酵母が醗酵してアルコールにするという、二段階の変化が同時に進行している。このように糖化と醗酵が並行して同時に進行することを並行複醗酵といい、清酒のほかにはほとんど例を見ない。ビールなども糖化と醗酵を経て製造されるが、糖化工程と醗酵工程は明瞭に分かれており、同時進行はしない。この並行複醗酵によって、清酒は醸造酒でありながら二〇度以上という、蒸留酒並みのアルコールを生成することができる。

醪のカイ入れ

〈三段仕込み〉

三段仕込みも清酒独特の方法で、醪の仕込みは麹、蒸米、水の全量を一度に投入せず、三回に分けて行う。

それぞれの工程は初添《はつぞ》え（添《そえ》）、仲《なか》添《ぞ》え（仲）、留添《とめぞ》え（留《とめ》）と呼ばれる。このように三回に分けて仕込むことで、醗酵初期に十分に酵母を増殖させるとともに、醪の濃度が高くなりすぎて醗酵に支障が出ることを防ぎ、安全醸造に導く効果があるといわれる。

醪の醗酵期間は、温度や麹の状態、酵母の種類などさまざまな要因で異なるが、多くは一〇度から一五度の温度で二十日から三十日ほどである。特に一〇度以下の低温で醸す大吟醸酒《ぎんじょうしゅ》では四十日にも及ぶ場合がある。

●三段仕込み

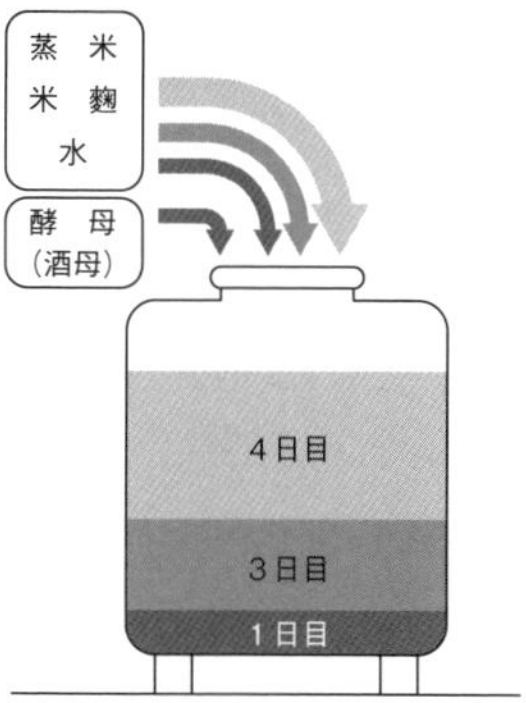

※酒類総合研究所「お酒のはなし」創刊号より

■踊り

初添えの次の日は仕込みを一日休む。これを「踊り」と呼ぶ。この間に酵母の増殖を進め、仲添え、留添え以降の健全な醗酵に備える。従って、三段仕込みはこの踊りの一日を加え、通常四日間にわたって行われる。

■醗酵管理

留添えを終えた後、醪の温度は醗酵熱によって少しずつ上昇し、十日ほどで予定の最高温度になるように調節しながら醗酵を進める。この間、醪の比重や酸度、アルコールなどを分析し、成分変化に対応して温度管理を行う。一般に醗酵温度が低いほど醪期間が長くなり、粕《かす》が多くなるが、酒は淡麗《たんれい》で新潟清酒の特長である雑味の少ないきれいな酒質になる。醪の管理には、分析値に対応した緻密《ちみつ》な温度管理が大切である。

■アルコール添加

酒税法では、純米酒を除く清酒の原料として醸造アルコール*の使用が認められている。

アルコールの使用は日中戦争から太平洋戦争への戦時体制強化の中で、

清酒のトリビア

かつては鳥またぎ米と酷評された新潟の米。明治以降の治水や新品種の開発など先人の血のにじむ努力によって新潟は日本一の米どころとなった。

清酒の増量を目的に始められた。現在は醗酵中の香気成分が酒粕に移行するのを防止し、香りや味の成分を清酒中にとどめて高い香気を放ち後味の良い酒を造る目的で行われる。

　アルコールの添加は醗酵終了直前の醪に対して行う。なお、搾った後の酒にアルコールを入れることは認められていない。添加アルコールの量には規制があり、吟醸酒、本醸造酒では使用白米重量の一〇パーセント以下とされる。

　醸造アルコールはサトウキビ、トウモロコシ、米などを醗酵・蒸留して製造される。

＊　過去、酒税法によって原料用アルコールと表示されていたためか、現在でも醸造用アルコールと間違って表示している場合もあるが、正しくは、醸造工程を経ていることから、また酒税法においても醸造アルコールと表示されなければならない。

道具

■タンク

　現在使用されているタンクにはステンレス製やそれに樹脂を塗布したもの、古いものではほうろう引きなどさまざまな種類があるが、伝統的な木桶《きおけ》からほうろうタンクに替え、清酒造りを行ったのは新潟県が最初である。一九二三（大正十二）年の関東大震災の被害状況を視察していた後の新潟県醸造試験場の阿部礼一初代場長が、東京・銀座で陳列されていたほうろう引きの小さな家庭用浴槽を見て、木桶に代わるほうろう引きのタンク（ほうろうタンク）を考案した。まず、二十八石（五千リットル）のほうろうタンクを試作し、熟成試験を実施したところ、ほうろうタンクにはそれまでの木桶に比べ、「酒を貯蔵する際の減量（ロス）が解消される」「桶を洗う手間が省ける」「微生物汚染が少なく、酒の腐敗が減少する」「酒に色や香りが付かない」などの利点があった。

　一九二七（昭和二）年には、新潟

ほうろうタンク

の蔵元四人が出資して「灘《なだ》琺瑯《ほうろう》タンク製作所」を発足。その年の品評会で、ほうろうタンク貯蔵酒はすべて入賞し、評価され、その後ほうろうタンクは次第に普及していった。

　こうした新潟の進取の精神は、今も脈々と受け継がれている。

■泡消機《あわけしき》

　醪の醗酵が進むと、盛んに炭酸ガスが発生して、泡は次第に高くなる。そのまま放置するとタンクの外にあふれてしまうため、手作業で泡を消し、あふれるのを防ぐ。昔は「泡番」と呼ばれる当直が寝ずの番で泡を消していたが、現在は泡消機の登場によってその苦労は解消された。泡消機は自動的に泡をかき回す機械で、小型モーターの軸の先端に細いT字や輪の形をした金属棒が付き、泡の上で回転することで泡の表面を破壊する。近年泡の出ない「泡無し酵母」が開発され、泡消しする必要のない醪も多い。

泡消機

■昔ながらの道具〈ため（試桶《ためおけ》）〉

　水、酒などを運ぶための容器で、一八リットル（一斗）入る。取手が付いていて、持ち運びやすくなっている。

ため

清酒のトリビア

四季の酒宴の中で現在も親しまれている花見酒。史上最も有名な花見は秀吉の「醍醐《だいご》の花見」。一五九八（慶長三）年三月、京都醍醐寺で開催された。

〈暖気樽《だきだる》〉

酒母の品温調節のため、酒母に投入して使用する容器。通常、中に熱い湯を入れて使う。逆に酒母の醗酵を抑えるために暖気樽の中に氷や冷水を入れて使用することもある。古くは木製であったが、今はステンレス製やアルミニウム製もある。

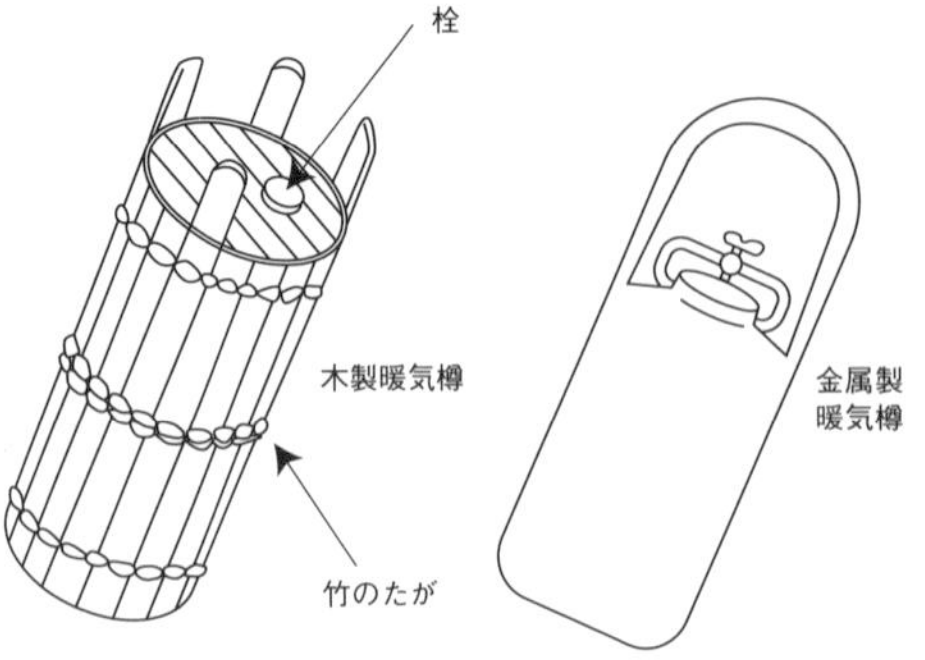

暖気樽

〈ささら〉

細く割った竹を束ねたもので、桶や樽などの用具を洗ったり、底に付いたものをこすり落としたりするのに使う。

ささら

〈半切り〉

直径一～一・五メートル、高さ二〇～三〇センチメートルほどの、口が広くて浅い、たらい状の容器。桶を半分に切ったような形状から名付けられた。生酛《きもと》の仕込みや冷却用の氷を砕くとき、また高精白米を洗米するときなどさまざまな用途に用いる。

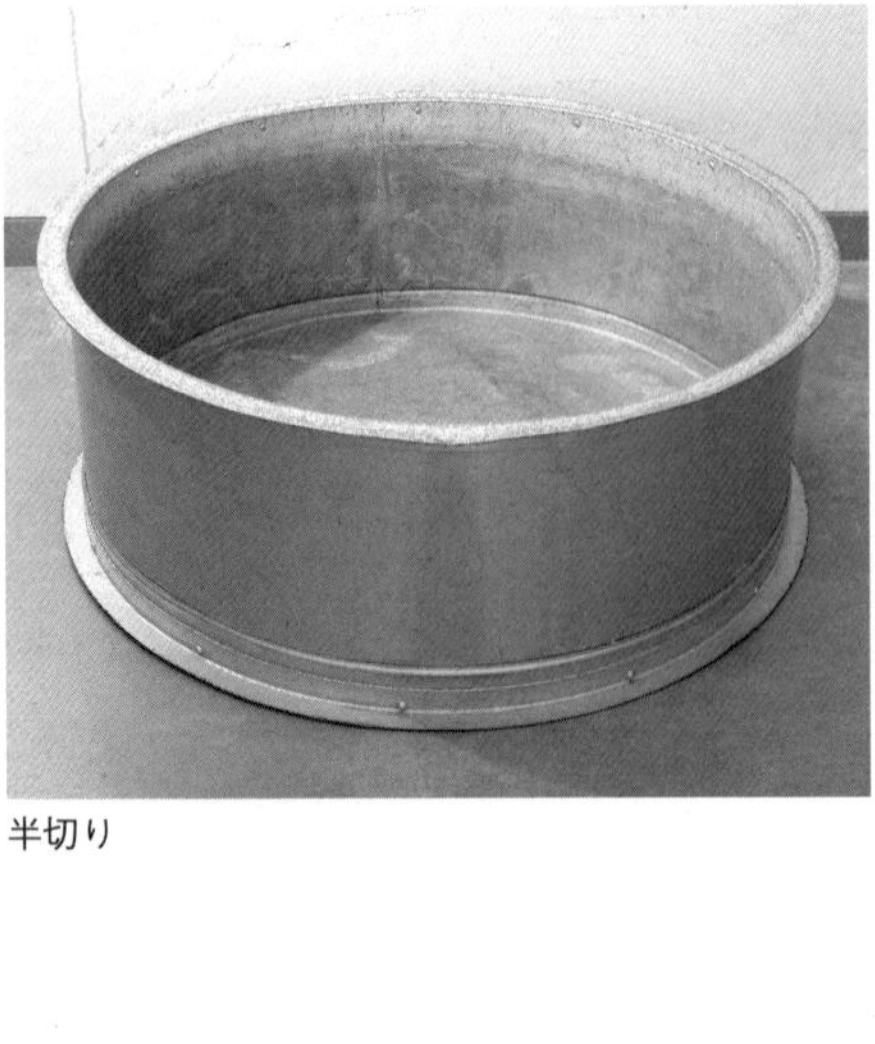
半切り

(8)上《じょう》槽《そう》

醪《もろみ》の醗酵《はっこう》が終了に近づき、アルコール度数が二〇パーセント近くになると酵母は醗酵を停止する。そのまま醪を放置すると着色や雑味の原因となるため、醪を酒袋に詰めて槽《ふね》で搾《しぼ》ったり、自動圧搾機を用いて清酒と酒粕《さけかす》に分ける。これを上槽という。

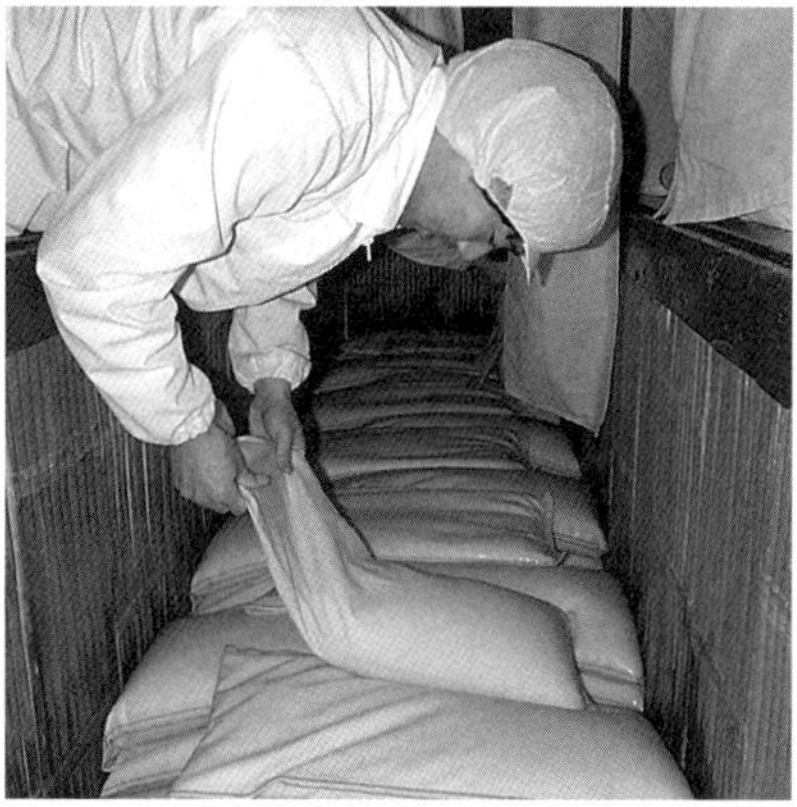

醪の圧搾（在来式の槽）

醪の圧搾（自動圧搾機）

滓《おり》引《び》き

搾ったばかりの清酒は、まだタンパク質やでんぷん、酵母などが残っているため、濁っている。これをタンクの中で十日間ほど静かに寝かせると、これらの成分が沈澱して酒は透明になる。タンクの側面下部には取り出し口が二つ上下に付いていて、上の口を上呑《うわのみ》、下の口を下呑《したのみ》という。この上呑から静かに酒の澄んだ部分を抜き出し、別のタンクに移

●滓引き

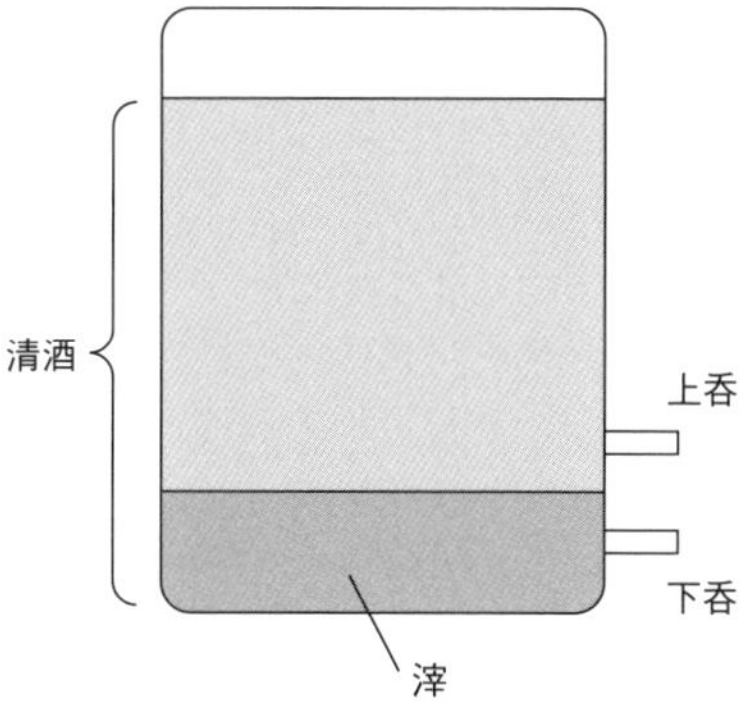

清酒のトリビア

文献によれば酒税は室町期から徴収されてきた。現行の酒税法は一九五三（昭和二十八）年に制定され幾度かの改正を経て現在にいたっている。

動かせる。この作業を「滓《おり》引き」といい、下に残る濁った部分を「滓」という。上槽した酒の滓を取り除かずに長く置いておくと、香味が劣化しやすいので、滓が沈澱したらすぐに滓引きをする。

ろ過

滓引きした清酒をろ過機でろ過することによって、脱色し、香味を調整するとともに着色・*火落《ひお》ち・過熱を防ぐ。滓引きをしても、清酒にはまだ微細な粒子や雑味の成分、着色などの品質劣化を起こす原因物質などが残っている。これらを、活性炭に吸着させてろ過し、完全に清澄にするとともに品質を安定化させる。

＊　好アルコール性乳酸菌（火落菌《ひおちきん》）が生育し、香味が劣化することを「火落ち」という。火落ちは清酒にとって致命的な劣化となるため、貯蔵中の火落菌はできるだけ早く発見する必要がある。

火入《ひい》れ

酒を加熱することによって清酒中の火落菌を殺菌する。また、上槽したままの酒はろ過後であっても酵素が活性のままであるため、そのままでは熟成が急速に進み、場合によっては劣化してしまう。そこで、清酒の中の酵素を破壊する目的で清酒を加熱する。これを「火入れ」という。火入れは、パスツール（フランスの化学者・細菌学者　一八二二〜一八九五）の提唱したワインにおける低温殺菌法と同じ手法であるが、清酒ではパスツールよりはるか以前から行われてきた。

加熱の温度は六〇〜六五度。火入れをする時期が早いか遅いかは酒の熟度に影響してくるので、火入れ前の生酒期間や酒の温度の高低などを考慮し、火入れのタイミングを決定する。火入れ後は直ちに冷却し、貯蔵中の清酒の過熱を防ぐ。

火入れをしていない清酒を生酒という。

火入れ蛇管（熱交換器）

(9) 熟成・貯蔵・ビン詰め

清酒は、上槽《じょうそう》したままでは酒質が不安定であり、香味も荒々しく、飲みづらいため、貯蔵によって熟成するのを待って出荷される。また、貯蔵による熟成もタンクによって差が出るため、熟成の程度を見極めながら出荷時の品質がばらつかないように複数のタンクの酒をブレンドする。

貯蔵

火入《ひい》れをした後の清酒は、出荷までの間、主にタンクで貯蔵する。通常、貯蔵温度は一五〜二〇度であるが、新潟清酒の場合さらに低温で貯蔵する場合も多い。

この貯蔵期間に香味が熟成し、荒々しかった新酒の香味が丸く柔らかくなる。しかし、熟成が進み過ぎると、色が付き過ぎ、老香《ひねか》（熟成香）や雑味が多くなることがある。過熟を防止するため、貯蔵期間中は温度管理ときき酒などによるこまめな品質チェックが大切である。

呑《の》み切り

貯蔵とともに酒の熟成は進むが、その程度は酒の種類や貯蔵条件で異なる。従って、時間とともに貯蔵タンクごとの熟成に差が出てくる。出荷前にこれを把握し、適切にブレンドすることによって安定した品質で出荷ができる。このためにタンクの酒を取り出して熟成の程度、雑菌汚

清酒のトリビア

酒蔵は長い間女人禁制とされ酒造りは男の世界といわれてきたが、現在では女性が活躍するなど酒蔵のしきたりも変化している。

呑み切りを行うためタンクの上呑から清酒を取り出す

取り出した清酒を検査する

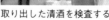

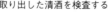

染や香味異常などの有無をチェックすることを呑み切りという。火入れ後最初に行う呑み切りを「初呑み切り」という。

ブレンド（調合）

ブレンドは製品に求める風味を安定的に供給するための技術である。

清酒は微生物を利用して醸造するため、どんなに原料や仕込み条件をそろえても、出来上がる清酒は仕込みごとに酒質が異なってしまう。また、貯蔵においてもタンクごとに異なる速度で異なる風味へと熟成が進み、結果的にそれぞれのタンクで酒質が異なってしまう。このような仕込みや熟成ごとに異なる酒質の違いを、製品化する段階で求める酒質に修正し、安定させる手段がブレンドである。ブレンドすることによって消費者に仕込みや熟成による酒質の違いを感じさせることなく、一定の風味の製品を安定的に供給することができる。

精製

火入れをした清酒は、糖化酵素が不溶性の物質に変化し、透明度が落ちたり白濁したりする場合がある。これを「タンパク混濁」「白ボケ」などという。このようなときは滓下《おりさ》げ剤を使い、混濁の原因となるタンパク質を沈澱させて除去する。これを「滓下げ」という。

出荷時期を迎えた酒は、官能検査の結果と成分値に基づく調合と活性炭ろ過で成分の最終的な調整が図られる。その後、必要に応じて市販酒の規格に合わせ、目的のアルコール度数になるよう、仕込み水と同様の良質の水を加える「割水《わりみず》」という作業が行われる。割水した酒は直ちにビン詰め製品化される。

ビン詰め

割水を終え、市販酒の規格になった酒はビン詰めされる。ビンの容量は、かつて一・八（一升）リットルが中心だったが、近年は七二〇ミリリットル・五〇〇ミリリットル・

ビン詰め

三〇〇ミリリットル・一八〇ミリリットルなど多様化している。

ビン詰めの際、生酒以外は火入れと呼ばれる低温殺菌を行う。約六五度に熱した酒を詰める熱酒ビン詰め法と、ビン詰めしてから約六五度に熱するビン火入れ法がある。清酒を熱すると風味の変化が急速に進んでしまうため、火入れ温度に達した清酒はシャワーなどで速やかに常温まで冷却する。

⑽ 清酒の分類

清酒の特徴

清酒は、米を原料とする醸造酒であり、燗《かん》でも冷やでも常温でも飲むことができる、世界でも珍しい酒である。清酒の製法は、日本で千年以上におよぶ試行錯誤の歴史の下に確立され、その特徴として、開放醗酵《はっこう》と並行複醗酵が挙げられる。並行複醗酵によって、清酒は二〇度以上という世界の醸造酒の中で最も高い部類のアルコールを生成することができる。

また、清酒はアルコール類のほかに、各種アミノ酸・糖類・有機酸・エステル・ビタミン・ミネラルなどを含み、これら含まれる成分の多様さがもたらす独特の風味も特徴の一つである。

■酒税法

酒税法は、酒類の定義や分類、税率などの基本的な事項を定めている法律である。このほか、酒税を円滑かつ確実に徴収するため、納税義務者や製造免許・販売業免許の取り扱いについても定めている。

酒税法では、酒類は「アルコール分一度以上の飲料（薄めてアルコール分一度以上の飲料とすることができるもの又は溶解してアルコール分一度以上の飲料とすることができる粉末状のものを含む）をいう。」と定義され、清酒は次のように定義されている。

酒税法第三条七号

七　清酒　次に掲げる酒類でアルコール分が二十二度未満のも

清酒のトリビア

銚子《ちょうし》は、長い柄と注ぎ口のついた酒器（雛人形の官女の一人が持っている）で、徳利《とっくり》とは別物であったが、現在では混同されることが多い。

のをいう。

イ　米、米こうじ及び水を原料として発酵させて、こしたもの

ロ　米、米こうじ、水及び清酒かすその他政令で定める物品を原料として発酵させて、こしたもの（その原料中当該政令で定める物品の重量の合計が米＝こうじ米を含む＝の重量の百分の五十を超えないものに限る）

ハ　清酒に清酒かすを加えて、こしたもの

酒類は、発泡性酒類、醸造酒類、蒸留酒類及び混成酒類の四種類に分類される。清酒は、醸造酒の部類に入る。

また、酒類などを製造しようとす

ひといきコラム
ここで一杯。
酒造技能士

蔵人《くらびと》や杜氏《とうじ》が必ず必要とする資格や免許はないが、酒造りの技能に関する公的資格としては「酒造技能士」がある。「酒造技能士」とは、職業能力開発促進法に基づき、厚生労働省と都道府県、その委託を受けた職業能力開発協会が実施する酒造能力検定試験の合格者に与えられる資格で、一級と二級がある。酒造技能検定試験は、清酒製造法・微生物および酵素・化学一般・電気・関係法規などの学科と、精米判定・麹《こうじ》判定・酒母《しゅぼ》の処置・きき酒などの実技によって、酒造に必要な技能を試験することで合否が決まる。

●酒類の分類

	種類	内訳（酒税法第３条第３号から第６号まで）
酒類（酒税法第2条）アルコール分1度以上の飲料	発泡性酒類	ビール、発泡酒、その他の発泡性酒類（ビール及び発泡酒以外の酒類のうちアルコール分が10度未満で発泡性を有するもの）
	醸造酒類（注）	清酒、果実酒、その他の醸造酒
	蒸留酒類（注）	連続式蒸留焼酎、単式蒸留焼酎、ウイスキー、ブランデー、原料用アルコール、スピリッツ
	混成酒類（注）	合成清酒、みりん、甘味果実酒、リキュール、粉末酒、雑酒

（注）その他の発泡性酒類に該当するものは除かれます。

※国税庁　酒のしおり「酒税法における酒類の分類及び定義」（平成30年）より

る者は、酒税法によりその所在地の所轄税務署長の免許を必ず受けなければならない。これが、「酒類の製造免許」※である。酒類の各品目の製造には、それぞれの製造免許が必要になる。

※　酒造免許には、清酒の場合、「一年間の製造見込み数量が六〇キロリットル以上」という要件がある。

清酒の製法品質表示基準

一九八九（平成元）年十一月、酒類業組合法第八六条に基づき清酒の製法品質表示基準が定められ、九〇年四月から施行された。これによって、特定名称が定義され、その表示や、容器などに表示義務のある事項の基準、任意に表示できる事項、表示禁止事項が定められた。

■特定名称の清酒

それまで吟醸酒《ぎんじょうしゅ》や純米酒、本醸造酒など、清酒には多くの種類が表示され販売されていたが、それらの表示には法的なルールがなかった。そのため、消費者側から「どのような品質なのかよく分からない」という声が高まっていた。そこで、清酒の製法品質表示基準によって、吟醸酒、純米酒、本醸造酒を特定名称酒として表示する場合の基準が定められた。

新潟県では、生産される清酒総出荷量の六割以上が特定名称酒であ

ひといきコラム　ここで一杯。

税金のはなし

酒類には税金がかけられている。清酒の税金はアルコール度数にかかわらず、一リットル当たり一〇〇円と定められている。焼酎やウイスキーは度数によって、税金も変わる。

●代表的な酒類の1リットル当たりの税金

清酒	焼酎	焼酎
	25%	40%
100円	250円	400円
ビール	ワイン	ウイスキー
		40%
181円	100円	400円

清酒のトリビア

酒粕は栄養の宝庫でたんぱく質やビタミンなどを含み、美容と健康によい健康食品。普通酒で使用した白米重量の約25％～30％の酒粕が出来る。

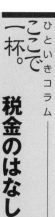

り、この比率は他県を圧倒している。

〈吟醸酒〉

精米歩合六〇パーセント以下の米・麹・水・醸造アルコールを原料に、「吟醸造り」といわれる低温でじっくりと醸造した酒。精米歩合が五〇パーセント以下のものは特に「大吟醸酒」と表示される。醸造アルコールの使用量は仕込みに使われる白米重量の一〇パーセント以下とされている。

かつての吟醸酒は、品評会用に杜氏が持てる技術の粋を尽くして造ったもので、市場に出ることはほとんどなかった。吟醸香《ぎんじょうか》と呼ばれる繊細でフルーティーな香りと淡麗《たんれい》な酒質が特徴である。吟醸酒のように香りの高いものは、温めると香りと味のバランスが崩れることがあり、燗酒にしないことが多い。

●特定名称の清酒の表示

特定名称	使用原料	精米歩合	こうじ米の使用割合	香味等の要件
吟醸酒	米、米こうじ、醸造アルコール	60%以下	15%以上	吟醸造り、固有の香味、色沢が良好
大吟醸酒	米、米こうじ、醸造アルコール	50%以下	15%以上	吟醸造り、固有の香味、色沢が特に良好
純米酒	米、米こうじ	—	15%以上	香味、色沢が良好
純米吟醸酒	米、米こうじ	60%以下	15%以上	吟醸造り、固有の香味、色沢が良好
純米大吟醸酒	米、米こうじ	50%以下	15%以上	吟醸造り、固有の香味、色沢が特に良好
特別純米酒	米、米こうじ	60%以下又は特別な製造方法（要説明表示）	15%以上	香味、色沢が特に良好
本醸造酒	米、米こうじ、醸造アルコール	70%以下	15%以上	香味、色沢が良好
特別本醸造酒	米、米こうじ、醸造アルコール	60%以下又は特別な製造方法（要説明表示）	15%以上	香味、色沢が特に良好

※国税庁　酒のしおり「清酒の製法品質表示基準（概要）」（平成19年）より

〈純米酒〉

米・麹・水だけを原料に造った酒。精米歩合六〇パーセント以下で吟醸造りのものは「純米吟醸酒」、五〇パーセント以下で吟醸造りのものは「純米大吟醸酒」と表示される。

〈本醸造酒〉

米と麹、水、醸造アルコールによって造られる。精米歩合は七〇パーセント以下、醸造アルコールの使用量は仕込みに使われる白米重量の一〇パーセント以下とされている。

【純米酒と本醸造酒の「特別」表示】

純米酒と本醸造酒のうち、香味や色沢《しきたく》（色ツヤ）が特に良く、精米歩合が六〇パーセント以下で醸造用玄米の使用割合が五〇パーセント以上であるなど、原料や製造方法について客観的に優れているといえるものについては、「特別純米酒」「特別本醸造酒」と表示することができる。

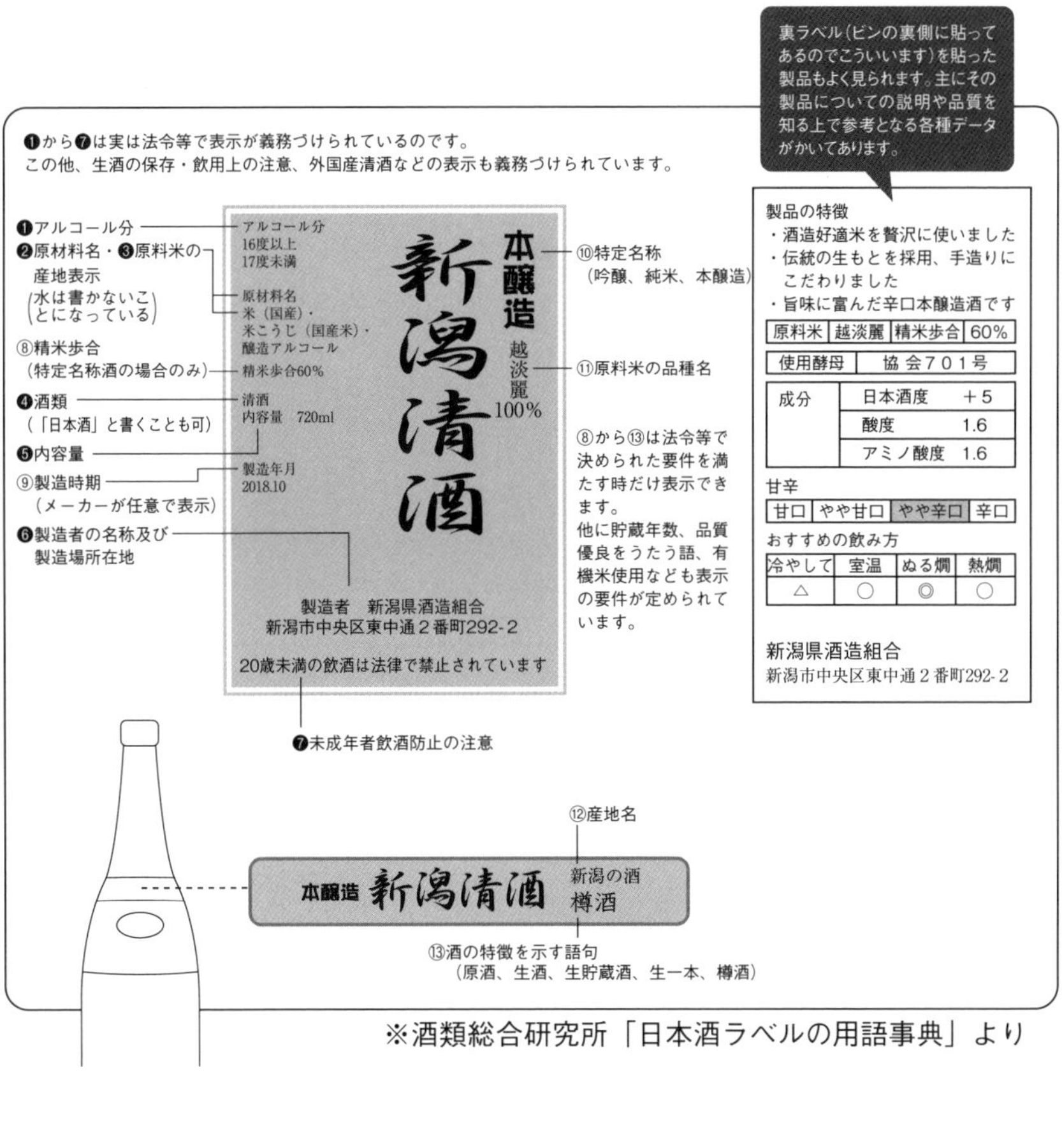

※酒類総合研究所「日本酒ラベルの用語事典」より

■記載事項の表示

すべての清酒の容器や包装には、原材料名・保存または飲用上の注意事項・原産国名を必ず表示しなければならない。

原材料名	「米（国産）、米こうじ（国産米）、醸造アルコール」など、使用量の多い順に表示する。水は表示しない。
精米歩合	特定名称酒の場合のみ記載。
保存又は飲用上の注意事項	香味の変化や変色を防ぐため、「要冷蔵」「お早めにお飲みください」などの注意事項を表示する。
原産国名	諸外国から輸入される清酒には、製造国、または産地を表示する。

■任意記載事項の表示

消費者が商品を選択するに当たって参考となる事項については、要件を満たす場合のみ、表示することができる。

原料米の品種名	合計使用割合が五〇パーセントを超える原料米について表示できる。使用割合も併せて表示する。
清酒の産地名	割水《わりみず》によるアルコール分の調整までを含む醸造地を表示できる。※新潟県で醸造して他県で割水を行ったものや、他県産の清酒をブレンドした清酒は、新潟県産とは表示できない。
製造時期	容器に充てんし、密封した時期を表示。特定名称で特別な貯蔵が必要なものは、貯蔵を終え製品化した日。
貯蔵年数	一年未満は切り捨てた年数で表示する。ブレンドしているものは、最も短い清酒の年数を表示。

原　酒	醪《もろみ》を搾ってから水を加えていないもの。
生　酒	製成後、一度も火入れをせずに出荷される清酒に表示。
生貯蔵酒	製成後火入れを行わず、ビン詰めの際に一度だけ火入れして出荷される清酒に表示。
生一本《きいっぽん》	単一の製造場で醸造された純米酒に表示。
樽酒	木製（一般的には杉樽）で貯蔵し、木香が付いた清酒に表示。
極上、優良、高級等品質が優れている印象を与える用語	同一の種別・銘柄の自社清酒が複数あり、香味や色沢が特に良く、製法などによって説明できる場合に、自社製品のランク付けとして表示できる。
受賞の記述	国、地方公共団体等公的機関から受賞した場合にその清酒に表示できる。これら以外の事項については、事実に基づき、別途説明表示する場合に限り表示しても差し支えない。

■表示禁止事項

「最高」「代表」など、製法や品質について最上級を意味する用語や、「官公庁御用達」といった用語の表示は禁止されている。

■米トレーサビリティ法

米穀等の取引等に係る情報の記録及び産地情報の伝達に関する法律で、消費者保護の為「取引等の記録・保存（トレーサビリティ）」が二〇一〇（平成二十二）年十月一日より、「産地情報の伝達」が一一（同二十三）年七月一日より施行された。

これに伴い清酒のラベルにおける記載事項の表示についても、米では「国産」、「新潟産」等、米こうじでは「国産米」、「新潟米」等のように原産地を表示しなければならない。

清酒のきき酒

きき酒は、五感を十分に働かせて清酒の特徴をつかみ、品質を評価する技術である。

酒蔵では、製造管理の一環として、異常のいち早い発見や貯蔵状態の把握など、清酒の品質維持のためにきき酒が行われる。

きき酒においては、それぞれの清酒の特徴や違いが分かるだけでなく、造り手の苦労も感じとることができ、清酒を味わい、楽しみを深めるためにも重要である。

■きき酒の方法

きき酒は、静かで適度に明るい環境で行う。部屋の温度は二〇度前後に設定し、タバコや整髪料・香水・化粧品などの強いにおいがあってはならない。

きき酒に臨む際は、空腹時や満腹時を避け、餃子《ぎょうざ》やニンニク料理、生ネギなどの刺激の強いものは飲食しない、禁煙をしておくなど、体調を整えておく必要がある。また、きき酒中は私語を慎み、先入観を持たないことが大切である。

通常、清酒の温度は二〇度前後に設定する。この温度が酒の香味の微妙な差を識別しやすいからである。

きき酒は次のように行う。

一．酒をきき猪口《ちょこ》に七分目まで注ぎ、まず酒の色の濃さや照り、濁りの有無などを目で確かめる。

二．きき猪口を軽く揺り動かして香りを嗅《か》ぎ、酒の特徴をつかむ。このときの香りを特に「上立《うわた》ち香《か》」という。

三．五～一〇ミリリットルほどの酒を口に含み、すするようにして舌の上で転がし、味の特徴や味の濃さを把握する。さらに、鼻に抜ける香りも確かめる。酒が口中に広がっていくときに感じられる香りを「含み香」という。

四．全体の香味のバランスを確かめたら、酒を吐き出す。続いて、酒を吐き出した際の後味、キレなどを見る。長い時間、口の中に酒を含んでいると、唾液で酒が薄められたり、味に慣れてしまったりして、味が分かりにくくなるので注意する。

■きき酒用語

きき酒の用語は、大きく視覚・嗅《きゅう》覚《かく》・味覚に関する用語に分けられる。きき酒の専門家は酒を表現するのに、香りと味で約九十もの用語を用いるとされている。

そこで、きき酒における代表的な用語を紹介する。

〈視覚に関する用語〉

・おり

清酒の中に見られる沈澱物を表す。

・てり

清酒の透明度を表す。

・さえ

輝きのある透明感を表す。

・着色

清酒の色付きを見る。熟成や製造条件、貯蔵条件によって、さまざまに着色する場合がある。

ひといきコラム

ここで一杯。

長期貯蔵酒

長期間貯蔵して熟成させた酒には、吟醸酒タイプから味の濃いものまで、さまざまなタイプがある。法律などによる貯蔵期間の規定はないが、慣習的には製造後三年以上経過した清酒で、その貯蔵期間を表示した清酒をいう。

昔は長期の熟成に向かないとされてきた清酒だが、長期熟成によって通常の酒とは全く異なるタイプの酒となることが明らかになり、新しい楽しみ方として注目されている。

〈嗅覚に関する用語〉

・上立ち香

猪口に清酒を注ぎ、軽く動かしたときに立ち上る香りを表す。

・含み香

酒を含んだとき、口中全体に広がって感じられる香りを指し、きき猪口の酒の表面から揮発して感じられる「上立ち香」と区別する。

・吟醸香

吟醸酒に見られる華やかな果実のような香りを表す。

・木香《きが》

主に杉材の香り、樽酒の香りを表す。一般の清酒にはないが、特徴付けをするためにわざわざ樽に貯蔵して木香を付けたものもある。

・老香《ひねか》

清酒の貯蔵時間が経過するにつれて発生する熟成香の一種。これが強いものは一般的に劣化とみなされるが、長期貯蔵酒ではさらに熟成がすすんで老酒《ラオチュー》のような香ばしい香りに変化するといわれる。

〈味覚に関する用語〉

・甘味

酒の味を構成する主要な五つの味の一つ。

・押し味

味の濃さを表現する言葉で、特に後味が力強く、よい余韻が残ることを表す。

・重い

味が口中でよどんだ感じで、すっきりしないことを表す。

・軽い

味がすっきりとして、さっぱりし

ひといきコラム
ここで一杯。

きき猪口《ちょこ》

きき酒には、きき猪口という磁器製の専用の猪口を使う。清酒の香りと味を引き出すのに最もよい形状の器とされ、底に藍色で蛇の目が描かれている(口絵一四ページ参照)。これは、藍色の部分で透明度を、白い部分で酒の色(着色の有無)を見るためのもので、この模様から蛇の目猪口とも呼ばれる。

きき猪口

ていることを表す。

・辛味

酒の味を構成する主要な五つの味の一つ。ピリピリとした刺激的な味、甘さを感じないような味を表す。

・きれ味

後味がすっきりする感じを表す。

・きれい

味が特にすっきりしていて好ましい感じを表す。

・雑味

いろいろな味が複雑に絡むが調和せず、好ましくない味を表す。

・酸味

酒の味を構成する主要な五つの味の一つ。適度な酸味は味をシャープに感じさせる。

・渋味

酒の味を構成する主要な五つの味の一つ。

・上品

自己主張が強すぎず、控えめで調和のある状態。

・淡麗

後味がきれいで切れが良く、香味のバランスが取れたすっきりしたタイプ。

・すべり

酒を口に含んだとき、舌に刺激的な感じがなく、口中で滑らかな感じ。

・苦味

酒の味を構成する主要五味の一つ。

・にぎやか

いろいろな味が感じられ、特に調和に欠けた酒を表す。

・濃醇《のうじゅん》

味が濃くて幅があり、香味がよく調和した酒を表す。

・幅

味の濃さやうま味を表す。ふくらみ・ボディー。

・老《ひ》ね

清酒の貯蔵時間が経過するにつれて発生する熟成味の一種。一般的に劣化とみなされるが、長期貯蔵酒ではさらに熟成が進んで老酒のような好ましい味に変化するといわれる。

・ふくらみ

味の濃さやうま味を表す。幅。

・ぼけた

味に締まりがないことを表す。

・まるい

味が全体的に調和していて、滑らかな好ましい味であることを表す。

・若い

酒の熟成が不十分で、荒さが残ることを表す。

第三章 新潟清酒もの知り講座

酒造独特の用語や文化、
おいしく清酒を楽しむための豆知識など、
新潟清酒にまつわるさまざまな蘊蓄《うんちく》を紹介する。

新潟に軟水《なんすい》地帯が多いのはなぜ？

水の中にはさまざまな物質が溶け込んでいます。その中でもミネラル分、特にカルシウムとマグネシウムの量を硬度という数値で表し、硬度の高い水を硬水《こうすい》、低い水を軟水と呼んでいます。水の中では、ミネラル分は電離してカルシウムイオンやマグネシウムイオンなどとして存在します。

蒸発した水が集まってできる雨や雪には、初めはほとんど何も溶け込んでいませんが、大気中や地上に降った後、また地下に浸透して地中を流れるうちに、さまざまな物質が溶け込んでいきます。

河川水や地下水に溶け込んでいるカルシウムイオンやマグネシウムイオンは主に地層に存在するものですから、地下水が流れる地層にカルシウムやマグネシウムが豊富に存在したり、水が地下に長くとどまるとこれらのミネラル分が多く含まれるようになります。

たとえば、石灰岩質の地層はカルシウムが多く含まれるため、石灰岩地域を流れる河川水や地下水には硬水が多く見られます。一方、山頂部付近の沢水や湧水では、極端にミネラル分の少ない水が見られます。カルシウムやマグネシウムは地層中にある程度は存在するものなので、河川の伏流水や浅い地下水でもカルシウムイオンやマグネシウムイオンが多少含まれますし、地下深くを流れて滞留時間が長い地下水ほど比較的硬度が高くなります。

日本は全国的に降水量が多く、河川が短く急勾配なので、流域における河川水や地下水の滞留時間は短くなります。特に日本海側は降水量が多いため、日本海側の河川水や地下水は軟水の地域が多く見られます。新潟県内でも一部の地域を除き、地層中にカルシウムやマグネシウムが特別に多い地域はなく、河川水や地下水の滞留時間も短いので、カルシウムイオンやマグネシウムイオンの濃度が低く、軟水が多いのです。

（上越教育大学　佐藤芳徳元学長）

米の品種改良には十年以上かかる？

米の品種改良にはいろいろな方法がありますが、最も一般的なのは交配による方法です。両親に当たる品種を掛け合わせて、子孫から優良な性質を持つものを選抜していくのです。一見、簡単そうですが実は大変な作業です。

実用品種は遺伝的に安定していなければなりません。つまり、種をまいたらその子孫は毎年必ず同じ性質でなければならないのです。ところが、掛け合わせてしばらくは、次の代の子孫には両親の雑種として受け継いだ、いろいろな性質のものが出現します。その中から目的とする性質の子孫を選び、さらに世代を繰り返すことを続けると、やがて遺伝的に安定して同じ性質を受け継ぐようになってきます。通常、雑種第七代くらいで遺伝的に安定してくるといわれます。さらに代を重ねて選抜を行い、有望なものについては実用品種としての栽培試験や醸造試験なども行います。これらを経て満足すべき結果を得られたものだけが新品種として世に出ることになるのです。

また、目的とする性質が得られるように、掛け合わせる品種をいろいろ試す必要がありますから、その組み合わせの数は膨大になり、それぞれの組み合わせごとにこのような作業が繰返されることになります。このように、新しい酒米《さかまい》ができるまでには十年をはるかに超える時間と大変な労力が費やされているのです。

（新潟県醸造試験場）

「精米歩合」と「精白度」って違うの？

玄米の胚芽《はいが》や外周部を取り除いて白米にすることを、「精米」「精白」「搗精《とうせい》」あるいは「米を搗《つ》く」、清酒製造の場合は「米を磨く」などといいます。お米をご飯として食べる場合でも酒造用の原料にする場合でも、精米は欠かせない工程です。

精米の仕上がり程度を表す指標には、「精米歩合」と「精白度（精白歩合）」があります。この両者、字面はよく似ているのですが、意味するところは一八〇度異なります。

「精米歩合」は玄米を精米して得られた白米の割合を示します。国税庁が定めた清酒の製法品質表示基準では、精米歩合は精米で得られた白米重量を、使用した玄米重量で割った値をパーセントで表すことと定義されています。「精米歩合が四〇パーセント」とは、精米によって玄米の四〇パーセントが白米となり、残りは米ぬかとして取り除かれたことを表しています。つまり、数値が低いほどより磨き込んだ白米となります。

一方、「精白度」は精米の際に玄米から米ぬかをどれだけの割合で取り除いたかを示します。「白米の精白度が四〇パーセント」とは、玄米重量の四〇パーセントを米ぬかとして取り除いて精米された白米を指します。つまり、精白度が大きい白米ほどより磨かれていることになります。ご飯用に販売されている白米の袋やコイン精米機の精米調節ダイヤルにある「八分搗き」「五分搗き」「三分搗き」表示も精白度の表示で、数字が小さいほど玄米に近いことを示しています。

従って、お米の芯までよく磨いた大吟醸酒《だいぎんじょうしゅ》などに用いる白米は「低精米歩合」または「高精白度」と呼ばれます。

何だかとてもややこしいですね。そこで、清酒のラベルに原料米の精米程度を表示する場合は精米歩合を用いることが清酒の製法品質表示基準で定められています。（新潟清酒研究会）

一キログラムの米からお酒はどのくらいできる？

新潟清酒を造るのにどのくらいのお米を使うかご存じでしょうか。

清酒の基本的な原料は米と水です。清酒造りの工程で玄米は精米され、醪《もろみ》の中で醗酵《はっこう》され、上槽《じょうそう》されて清酒となり、何割かは溶けずに酒粕《さけかす》となります。

今ここに一キログラムの玄米があるとして、六〇パーセント精米の純米酒ができる量を見てみましょう。

まず一キログラムの玄米を六〇パーセントに精米すると、六〇〇グラムの白米になります。清酒造りでは一般的に米一に対して約一・三倍の汲み水（つまり六〇〇グラムの米に対して七八〇ミリリットルの水）を使いますので、これを仕込むと約一四〇〇ミリリットルの醪になります。醪の中で蒸米《むしまい》は徐々に溶けてエキスとなり、酵母菌による醗酵が進んで二十日から三十日をかけてアルコール分一八度前後の醪が出来上がります。これを上槽すると白米の量の約三〇パーセントが酒粕となりますから、搾り機からはアルコール分約一八度、一二〇〇ミリリットルほどの清酒が出てきます。これを一般的な清酒の度数一五・五度まで割水《わりみず》すると約一三八〇ミリリットルとなります。

従ってお酒の量から考えると、六〇パーセント精米の純米酒一升（一・八リットル）を造るのに、約一・三キログラムのお米（玄米）が必要になります。

しかし、実際にどのくらい米を使うかは造る清酒の種類によって違ってきます。吟醸酒《ぎんじょうしゅ》などの特定名称酒は低精米歩合（玄米の外側を削り落とす割合が多い）の白米を使うため、その分必要になる玄米の量は多くなります。また、吟醸酒は低温でじっくりと醗酵させるため、醪の中の白米は溶けずに酒粕となる割合が高くなり、やはり多くの玄米が必要となります。

新潟清酒は低精米歩合、低温長期醗酵によって独特の淡麗な味わいを醸し出していますが、このように米の芯の部分を使い、しかも溶かし過ぎないように管理する大変ぜいたくな造り方をしているのです。


（新潟清酒研究会）

麹《こうじ》づくりに欠かせない「もやし」とは？

麹づくりには「もやし」を使います。といっても野菜の「もやし」ではありません。

麹づくりは、甑《こしき》から取り出した蒸米《むしまい》をちょうど良い温度と水分に調節し、種麹（麹カビの胞《ほう》子《し》）を振り掛ける「種切《たねきり》」作業から始まります。蒸米に振り掛けられた胞子は発芽して、菌糸を蒸米の表面や内側に伸ばし、麹になっていきます。清酒造りではこの種麹を「もやし」と呼びます。種麹をもやしと呼ぶようになった由来は、はっきりとは分かりませんが、平安時代に編さんされた『延喜式《えんぎしき》』に「よねのもやし」という記述があり、これは米麹のようなものであろうと推測されています。このことから米麴、あるいは種麴をもやしと呼ぶようになったと思われます。

ところで酒蔵ではもやしの製造はしていません。全国には数軒のもやしを専門に製造販売するもやし屋さんがあり、その中には室町時代に麴を独占的に製造販売していた麴座という組合のようなものをルーツに持ち、長い歴史を誇るところもあります。酒蔵はこのもやし屋さんからそれぞれ造る酒の種類に応じたもやしを購入しています。同じ麴カビでも、いろいろな性質のものがあり、できる麴のタイプも違ってくるからです。

清酒造りの中で、麴は米のでんぷんをエキス分に分解し、さらに清酒の味に幅を持たせる大変重要な役割を受け持っています。麴づくりの良否が清酒の品質を大きく左右します。おいしい新潟清酒は、蔵人《くらびと》だけでなく、良い麴をつくり、良い酒を造りたいという酒蔵の声に応えてくれるもやし屋さんなど、いろいろな人の輪が造っているのです。

（新潟清酒研究会）

もやし

酵母と酒の香味の関係

酒の香味は、原料となる米や水はもちろん、麴《こうじ》や酵母などの微生物、醗酵《はっこう》条件など実に多くの要素に影響を受けます。中でも醪《もろみ》の醗酵過程で主役となる酵母は、アルコールを生成するだけでなく、吟醸《ぎんじょう》香《か》などの芳香や味の形成にも大きな役割を果たしています。そのため、清酒の製造計画を立てる際の酵母の選択が、どのような清酒を造るかを左右する非常に重要なポイントとなります。

たとえば、吟醸酒のような香りの高い清酒を造るのならば香気生産能力の高い酵母、酸味を抑えた軽いタイプの清酒を造るには酸をあまり出さない酵母といった具合に、酵母を使い分けています。さらに細かく、香りは含み香主体か上立《うわだ》ち香《か》主体か、爽快な酸味か穏やかな酸味かなど、目指す酒の質によって酵母の選択肢は多岐にわたります。時には、異なる特性を持つ複数種の酵母を組み合わせて使うこともあります。

このように、酵母は酒の香味や質にかかわる大切な働きをしますが、だからといって酵母の選択だけでおいしい清酒が完成するわけではありません。原料の米から始まり、製品に至るまでのすべての工程が滞りなくつながるように細心の注意と、酵母の特性を十分に発揮させる高い技術が必要なのは言うまでもありません。

（新潟県醸造試験場）

酒母づくりのようす

吟醸酒《ぎんじょうしゅ》は米から造るのに、果物のような香りがするのはなぜ？

吟醸酒から果物のような香りがするのを不思議に思ったことはありませんか。清酒に香料を添加することは禁止されていますから、香りの正体はもちろん香料ではありません。

吟醸酒を分析すると、酢酸イソアミルやカプロン酸エチルなど、有機酸エステルと呼ばれる成分が検出されます。これらはバナナや洋ナシなどの果実に香りの成分として実際に含まれるものと同じ物質です。清酒の原料は米であり、果実は一切使っていないのに果実の香りと同じ成分が含まれているのです。この香りはどこからくるのでしょうか。

これまでの研究の結果、酵母が醗酵《はっこう》中にアミノ酸や脂肪酸などを材料にしてこれらの香り成分を生成することが分かっています。また、吟醸造りは米を磨き、低温で醗酵させることが特徴の一つですが、これが酵母の吟醸香生成に有利な条件となることも科学的に裏付けられています。ベテラン杜氏《とうじ》たちは長年の経験によって、酵母に果実香を多くつくらせる製造法を編み出してきたといえるのではないでしょうか。最近は華やかな果実香を特徴とする酵母の品種改良も盛んに行われ、酒の個性化に一役買っています。

（新潟県醸造試験場）

アルコール度数一五度台の清酒が多いのはなぜ？

清酒は、醪《もろみ》を搾ったばかりの原酒の状態でアルコール度数が一七～二〇度前後になり、世界中で造られるさまざまな醸造酒（ワインやビールなど）の中ではアルコール度数の最も高い酒の部類に入ります。これは、長い歴史の間に蓄積されてきた清酒独特の技術の賜物《たまもの》といえます。

一方、市販されている清酒を見ると、アルコール度数一五度台のものがほとんどを占めています。つまり、アルコール度数一五度の清酒は、原酒を調製してアルコール度数を下げたものなのです。

フレッシュさを売りにする清酒や特殊なものを除くと、ほとんどの清酒はうま味、まろやかさ、コクなどを熟成させるために火入《ひい》れ、貯蔵の工程を経ていますが、その際アルコール度数の高い方が腐敗する危険性が少ないため、熟成は原酒のままで行われます。それを出荷する際にろ過、加水調製してアルコール度数を落とします。

このようにアルコール度数を調製して出荷するようになったのは、かつての酒税法によって定められていた税率に由来します。以前は、清酒に対する税率はアルコール分に応じて定められ、アルコール度数一五度以上一六度未満を超えると税率が一度ごとに高くなっていました。このため、大多数の酒が高い税率を避けてこのアルコール度数になったのです。ちなみに、旧酒税法ではアルコール度数一五度台の清酒一・八リットル当たり二百五十二円九十銭の酒税がかけられていました。二〇二三（令和五）年十月の酒税法改正以降は、清酒一〇〇〇リットル当たり一律十万円となり、一升ビン一本（一・八リットル）当たり百八十円の酒税がかけられています。

「級別」も現在主流となっているアルコール度数に影響を与えました。今では一級、二級などの級別は用いられていませんが、この酒の分類は酒市場を統制するために作られたものです。一九三七（昭和十二）年、日中戦争勃発とともに中国大陸の兵士へ米や酒を供給するため急激に米の需要が高まり、米市場の混乱と米不足が起こって酒の生産量が減少しました。その影響で酒の供給の秩序が崩れ、「闇酒」や「薄め酒」と呼ばれるものが横行するようになります。「薄め酒」とは文字通り清酒を水増ししたもので、あまりにも薄くて金魚が泳げるくらいだから「金魚酒」という呼び名が付けられたといわれています。四〇（昭和十五）年、政府は混乱を続ける酒市場の立て直しを図るため、市場に流通する酒を監査し、含有アルコール度数と酒質などによって特級・一級・二級・三級・四級・五級という清酒の分類を制定しました。

その後、分類は改正され、アルコール度数一五～一六度未満の特級・一級・二級の三等級となり、九二（平成四）年に級別廃止となるまで続きました。その名残で現在も一五度台の清酒が主流となっていると思われます。

また、アルコール度数一五～一七度の酒は、アルコールがきつ過ぎず、燗《かん》でも冷やでもその

まま飲める「ちょうど良い濃度」だともいわれています。（新潟清酒研究会）

清酒の分類

日本酒度って何？

日本酒度とは、清酒の比重をある数式に当てはめて換算した値です。測定には比重計と同じような形をした浮秤《ふひょう》を用います。比重の小さい清酒は「＋」（プラス）、比重の大きいものは「－」（マイナス）になり、清酒の甘口・辛口の目安となります。ちなみに日本酒度の±〇は、摂氏四度の水の比重に相当します。

清酒の比重はアルコール度数とエキス分の含有量によって決まります。アルコールは水より軽いのですが、ほとんどが糖分*からなるエキス分は重いため、同じアルコール度数の清酒ならば、エキス分が少ないと比重が小さくなり糖分が少ないので「辛口」、エキス分が多いと比重が大きくなり糖分が多いので「甘口」というわけです。

一般の清酒の日本酒度は、かなり辛いものでプラス一〇を超えるものから、

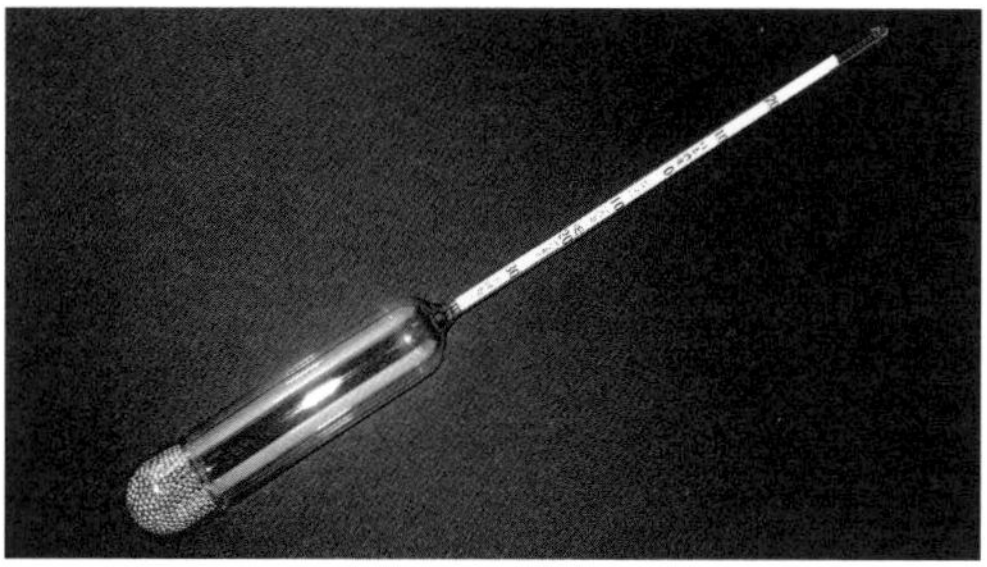
日本酒度計

かなり甘いものでマイナス一〇よりも低くなるものがあります。このように、日本酒度は辛くなるほどプラスの値が大きくなり、甘くなるほどマイナスの値が大きくなります。（新潟清酒研究会）

＊　原料の米が麴菌の作り出す酵素によって溶解し、でんぷんが分解された結果生成した糖分。

清酒の酸度とは？

清酒の「酸度」とは、清酒中のコハク酸、乳酸、リンゴ酸などの有機酸の含有量を示すものです。この酸度の数値は、清酒の酸味の目安になるとともに、製造工程を管理する上でとても大切なものです。

酸度は清酒の甘口・辛口や味の濃淡にも影響することが知られています。甘味の強い酒では酸味が味を引き締め、逆に辛い酒では少々の酸味が全体の味をきれいにまとめてくれます。

新潟清酒の酸度の平均値は約一・一～一・五で、全国的に見るとやや低めの数値です。

（新潟清酒研究会）

アミノ酸度とは？

清酒に含まれるアミノ酸は、清酒のうま味を構成し、こくを引き立ててくれます。このアミノ酸の含有量を示す数値が「アミノ酸度」です。

清酒には、アルギニン・チロシン・セリン・ロイシン・グルタミン酸など、約二十種類のアミノ酸が含まれています。これらがうま味の構成要素として重要な役割を果たします。しかし、いくらうま味のもととなるからといって、多すぎてもいけません。アミノ酸が多すぎると、雑味や品質劣化の原因となってしまいます。このため酒造りでは、アミノ酸が適度な量となるように慎重に管理しています。


（新潟清酒研究会）

何が違うの？ 生酒《なまざけ》・生詰《なまづめ》・生貯蔵

日本酒のラベルを見ると、「生」が頭に付いた単語がいくつか見られます。

それらには「生酒」「生詰」「生貯蔵」「生一本《きいっぽん》」の四つがあり、とても紛らわしいのですが、すべて意味が異なります。

これらの中で、生酒、生詰酒、生貯蔵酒の三つは、清酒の殺菌時期による区別を表しています（生一本については、九七ページ参照）。

通常、清酒は「火入《ひい》れ」という低温殺菌を二回行います。一回目は、清酒を貯蔵する前に行い、清酒の品質を変化させる酵素の働きを止めることと、酵母や清酒を白濁させて品質を損なう恐れのある「火落菌《ひおちきん》」という乳酸菌の殺菌を目的にしています。二回目は、ビン詰めするときに、殺菌を目的に行います。

「生酒」は、この二回の火入れを一切行わない清酒をいいます。火入れを行わないので、独特のフレッシュな風味が特徴的なお酒になります。別名「本生《ほんなま》」「生生《なまなま》」ともいわれます。

「生貯蔵酒」は、貯蔵する前の火入れを行わずに、ビン詰め時の一回だけ火入れを行うものです。略して「生貯《なまちょ》」とも呼ばれます。その味わいは、生酒に近いフレッシュさを残しています。

「生詰酒」は、貯蔵する前に火入れを行い、ビン詰め時の火入れを行わないものです。夏の間に貯蔵して熟成させ、秋にその風味を楽しむ「ひやおろし」のほとんどは生詰酒です。「ひやおろし」の出荷は、江戸時代から秋の風物詩だったようです。熟成が調った柔らかな味わいが特徴です。

このように、「生」が付いていても一切火入れしていないのは「生酒」だけですが、それぞれ特徴ある味わいが楽しめます。生酒と生詰酒については、ビン詰め時の火入れがなされていないので、店頭での購入後は冷蔵庫などで保管し、できるだけ早めに飲まれることをお勧めします。

（新潟清酒研究会）

何が違うの？　にごり酒・滓酒《おりざけ》・濁酒《どぶろく》

本来酒粕《さけかす》となる滓《おり》が酒の中に残っているものは、にごり酒とか滓酒と呼ばれています。にごり酒と滓酒は一般には滓の濃いものがにごり酒、滓の薄いものが滓酒と呼ばれていますが、定義はなく、明確な区別はできません。

醪《もろみ》そのものをにごり酒・滓酒として製品にすると思っている方がいますが、清酒は酒税法で「醪をこしたもの」（国税庁では「こす」は「液状部分とかす部分とに分離するすべての行為」と解釈しています）と定められています。また、醪自体の風味を考えても、酒として製品にする目的で仕込まれている醪そのままでは味、香りのバランスが悪い上に貯蔵性が悪く、うまいといえるようなものではありません。従って、醪は製品にはできません。つまり、製品として飲めるにごり酒・滓酒を造るには、「こす」作業を必ず入れ、さらに滓を残しながらも味、香りのバランスを良くする蔵人《くらびと》の技が不可欠ということになります。

一方、濁酒は醪をこす行為がないところから、酒税法では清酒には分類されず、その他の醸造酒になります。仕込みの量も清酒に比べて少量のため、酒母《しゅぼ》をつくったり段仕込みをする必要がなく、仕込んでそのまま醗酵《はっこう》させ、アルコールが出てくるのを待ちます。製造工程が単純なため、最近は地域おこしなどで「どぶろく特区」となり、濁酒を造る地域が増えていますが、こしていないために品質の変化が早く、貯蔵が難しいとされています。

（新潟清酒研究会）

貴醸酒《きじょうしゅ》とはどんなお酒？

一般的に、日本酒の仕込みには水と米を使用しますが、貴醸酒は水の代わりに「酒」を使い、コストも手間もかかる製法です。使用する酒の量も、仕込みの一部（留《とめ》仕込みの一部など）に水の代わりに使うものから、仕込みのすべてに酒を使う方法までさまざまです。

色は琥珀《こはく》色、味は濃厚な甘味ととろみがあり、貴腐《きふ》ワインやシェリー酒のようだと評されます。

貴醸酒という名前は、「貴腐ワインに比較されるタイプの高級日本酒」ということから名付けられました。テレビで外国からの要人を招いた晩さん会が放映されたとき、視聴者から「なぜ、乾杯酒がワインで日本酒ではないんだ？」という問い合わせが醸造試験場に寄せられたのをきっかけに、「日本独自の高級酒」を開発しようということになったようです。

貴醸酒の製法は、国税庁醸造試験所（現在の醸造研究所）が一九七三（昭和四十八）年に開発し、七五（同五十）年に特許が公開されました。この製法は、『延喜式《えんぎしき》』に記されている製法「しおり式」を基にしています。

「しおり式」とは、酒で酒を仕込む方法をいい、醪《もろみ》をこした酒に、蒸米《むしまい》と米麹《こめこうじ》を入れて再び醗酵《はっこう》させ、こす作業を繰り返して製造するものです。ちなみに、「おり」とは「何度も繰り返す」

ことを意味しています。

しおり式に対して現代の一般的な段仕込み法のルーツは「とう方式」といいますが、この製法も同じころに確立されたとされています。

貴醸酒は、その濃厚な味わいから、食前酒やオンザロックなどに好まれ、味の濃い料理（ウナギなど）やデザート（ケーキやアイスクリーム）によく合うといわれています。また、貴醸酒の生酒や長期熟成酒などもあるので、それぞれの特徴を楽しんでみてはいかがでしょうか。発売している酒蔵は多くはありませんが、じっくりと味わいながら、古代の酒造りに思いをはせるのもよいかもしれません。


（新潟清酒研究会）

生《き》一《いっ》本《ぽん》とは何の意味？

「生一本」とは広辞苑によると「純粋で混じり気のないこと。また、そのもの」と説明されています。清酒の「生一本」は、「清酒の製法品質表示基準」の中で「単一の製造場で醸造した純米酒」と定められています。従って、複数の製造場を持つ蔵元がそれぞれの製造場で造った清酒を混ぜた場合、「生一本」とは表示できません。

生一本の「生《き》」は生酒《きざけ》に由来する寒造りを、「一本」は火入《ひい》れ貯蔵した清酒を貯蔵容器からそのまま販売用の容器に詰めることを表し、混じり気のない清酒というのが昔の「生一本」の意味でした。以前は灘酒《なだ》（灘五郷で造られた清酒）の代名詞として「灘の生一本」と呼ばれていました。今でも生酒と書いて「なまざけ」、「なましゅ」と読まずに「きざけ」と読むと、生一本と同意語として扱われます。

一九八九（平成元）年まで清酒は純米酒、本醸造酒などの区別なく特級酒・一級酒・二級酒に分けられていました。酒造技術の発達や消費の多様化に伴って、吟醸酒《ぎんじょうしゅ》・純米酒・本醸造酒といった製法や品質の異なるさまざまなタイプの清酒が酒屋さんの店頭で見られるようになりましたが、それらの表示には法的なルールがなかったため、消費者からどのような品質のものかよく分からないという声が高まりました。そこで「清酒の製法品質表示基準」によって特定名称を表示する場合の基準、清酒の容器などに表示しなければならない事項の基準、清酒の容器などに任意に表示できる事項の基準、清酒の容器などに表示してはならない事項の基準が定められました。「生一本」は清酒の容器などに任意に表示できる事項の基準によって、純粋で混じり気のないものというかつての意味合いから、「単一の製造場で醸造した純米酒」と定められました。

（新潟清酒研究会）

清酒の楽しみ方

清酒がおいしく飲める温度

清酒はおいしく飲むことのできる温度が広範囲にわたります。

酒を温め、燗《かん》にして飲む場合、燗に要する時間や手法によって、味わいに違いが生じます。味の構成成分が最も調和した燗酒をつけるには、清酒の入った徳利《とっくり》を湯に入れて目的の温度まで温めます。燗のつけ方としては、熱湯に入れて三五度もしくは五〇度まで温めるか、五〇度の湯に入れて三五度まで温めるのがお勧めです。水から徳利を入れたまま火にかけて湯煎《ゆせん》する燗や、電子レンジによる燗は、味のバランスを崩してしまうことが多いので、避けた方がよいでしょう。

●冷酒や燗酒の温度による粋な表現

燗の表現と温度	
日向燗（ひなたかん）	30度前後
人肌燗（ひとはだかん）	35度前後
ぬる燗（ぬるかん）	40度前後
上燗（じょうかん）	45度前後
熱燗（あつかん）	50度前後
飛びきり燗（とびきりかん）	55度以上

冷やの表現と温度	
雪冷え（ゆきひえ）	5度
花冷え（はなひえ）	10度
涼冷え（すずひえ）	15度

冷酒の適温は、酒のタイプによって異なります。コクのあるタイプは五～九度、香り豊かなタイプや滑らかなタイプは一〇～一五度に冷やして、熟成タイプは、一〇～一五度に冷やすか、一六～二五度の常温で飲むのがよいとされています。

しかし、これらはあくまで一つの目安ですから、いろいろな温度を試しながら自分なりの「おいしい温度」を見つけてください。

二日酔い対策に「和《やわ》らぎ水」

清酒に対して「二日酔いになりやすく翌日がつらい」という風説をよく耳にします。本当に清酒は二日酔いになりやすいアルコール飲料なのでしょうか。答えはもちろん「×《ばってん》」。二日酔いになるか否かは、基本的に摂取したアルコールの量と体調によって決まるものです。ではなぜ「二日酔いになりやすい」と多くの人が言うのかといえば、清酒がおいしく飲みやすいので、ついつい量を過ぎてしまうからではないでしょうか。

量を気にせずお酒をいただいても、必ず二日酔いにならない方法はあるのかといえば残念ながらありません。やはり自分に合った適量にとどめておくことが最良の方法といえるでしょう。

ところで、「和らぎ水」という言葉を聞いたことがあるでしょうか。これは清酒をいただく際に、お水を横に置いて時々飲むことによって、いっそうおいしくかつ体に優しく楽しめる方法として、日本酒造組合中央会が提唱しているものです。その効用は大きく分けて二つあり、その一つが深酔いを防止するというものです。

もちろん、時々水を飲めば必ず深酔いしないというわけではありませんが、水を飲むことでお酒のアルコール分が下がり、酔いの速度がゆっくりと穏やかになります。空腹時にお酒を飲むと急速に酔いが回るのを想像してください。水を飲むことでこれを防止していると考えると分かりやすいかもしれません。

また、水で一呼吸置くので飲み過ぎないということもあります。洋酒にチェイサーという飲み方があるように、日本酒に「和らぎ水」というスタイルもぜひ試してみてください。合間に飲む水で口の中をリフレッシュし、舌の感覚を鈍らせずに、次の一杯や料理の味を鮮明にするという、もう一つの効用も得られ、清酒のある生活がより楽しめるようになるはずです。

（新星会）

清酒はどのように保存すればよい？

普段、どんな場所で清酒を保存していますか。清酒は、光や温度・振動によって酒質が劣化するデリケートな酒です。特に、香りの変化が早い生酒や吟醸酒《ぎんじょうしゅ》は、保存にきめ細かな配慮が必要です。

清酒を日光に当てておくと、黄褐色《おうかっしょく》に着色する日光着色が起こります。見た目にも悪く、不快な臭《にお》いも発生して劣化も進むので、光が当たらないように保存しましょう。一般に、清酒のビンが茶色なのも、日光着色を防ぐための技術です。

高温下での保存も、清酒の着色や香味劣化などの品質劣化を引き起こす一因です。低温下で管理することで、劣化を遅らせることができるので、一～八度程度の冷蔵庫などの冷暗所に置き、温度変化ができるだけ少ない環境で保存しましょう。また、極端に湿度の高い場所は、王冠やキャップにサビやカビが発生しやすくなり、清酒の保存には適しません。清酒はコルク栓をほとんど使っていないので、ワインのように横に寝かせて保存する必要はありません。

清酒が空気に触れると、酸化によって劣化が急速に進みますから、開栓後はできるだけ早く飲んでしまうのも大切です。正しく保存して、清酒本来の味を楽しんでください。

酒器のサニテーション（衛生）にも注意を！

清酒を入れる酒器（酒を飲むための器）をどのように扱っているでしょうか。清酒は液体ですから、銚子《ちょうし》や猪口《ちょこ》、グラスなどに付着する汚れは少ないように思われます。陶磁器製の銚子などでは、内側の汚れはほとんど見えず、汚れが残っていることに気付かない場合も多いでしょう。清酒の味と香りはとても繊細ですから、器が汚れていては、清酒本来の味を伝えることができません。清酒をおいしく楽しむためには、酒器の洗浄や清潔な環境づくりなどのサニテーションに対する配慮が必要不可欠なのです。

銚子・猪口・グラスなどは、ほかの食器と一緒に洗ったり、同じ桶《おけ》につけ置くのは避けましょう。食品のタンパク質や雑菌が酒器に付着すると、化学変化や菌の繁殖によって、落ちにくい汚れになってしまうからです。食器洗浄機を使う際は、酒器専用のラックがあるとよいでしょう。

洗浄した酒器は、十分に乾燥させてから伏せておき、長期間保管する場合は、包装して密閉した箱に入れ、清潔で乾燥した環境に置きましょう。

酒蔵でしか味わえない幻の味　泡汁とは?

以前、ある蔵元さんが近隣のお客さまをお招きして、酒蔵を見ていただき交流しようという行事を開催することになりました。その際、お客さまに酒蔵ならではのものをごちそうしようという話になり、酒蔵のみんなであれやこれやとアイデアを出し合いました。すると、それを見ていたおっかさま（蔵元の奥さま）から「そーせば、泡汁なん、なじだね」と一言が。年配の蔵人《くらびと》たちは「なーるほど」と感心し、若い蔵人たちは何のことか分からず怪訝《けげん》な顔をしていましたが、とにかく泡汁でお客さまをおもてなししようということに決まりました。

泡汁とは、昔から酒蔵の食卓に供されてきた料理で、サトイモ、漬け菜、大根などの具を煮て、味噌と一緒に「泡」を入れ、ひと煮立ちさせて出来上がりという汁物です。この「泡」が料理の味わいを決める大事な材料なのですが、その正体は、清酒の醪《もろみ》の醗酵《はっこう》中に酵母の菌体などが寄り集まって、表面に盛り上がってくる泡です。清酒の醸造に使われる酵母は、この泡を形成する性質のものが多く、昔は「泡番」といって、一晩中醪の入った桶《おけ》を見張り、盛り上がってくる泡を消す役目があったくらいです。

この泡を加えた汁物は、まろやかなこくがあり、食べた後はぽかぽかと体が温まる、雪国の冬にぴったりの料理です。しかし、現在では、醗酵途中の泡は醪の一部と考えられ、汲み出すことは酒税法で禁じられているため、醪の上槽が終わり、タンクを洗浄するときに縁にくっついていた泡をかき取って泡汁を作ることにしました。

当日は、サケやサトイモ、大根、ニンジンなど、具が盛りだくさんの泡汁を作って、真冬の酒蔵を見学したお客さまに味わっていただきました。皆さんが「…うまい！」「粕汁に似ているけど、すごくまろやかでこくがある」と大変喜んでくれました。

素朴な味ですが、泡汁は酒蔵でしか味わえないごちそうです。なぜなら、酵母が集まってできた泡は、集めたらすぐに料理しなければ消えてしまい、風味がなくなってしまうものだからです。もし、機会があれば酒蔵の幻の味、泡汁をご賞味ください。

（新潟清酒研究会）

郷土の味覚で新潟清酒を楽しもう

淡麗《たんれい》さが特長の新潟清酒は、さっぱりした飲み口で、さまざまな料理に合います。新潟の旬の食材や郷土料理とともにいただけば、酒の楽しみ方がいっそう広がります。

■枝豆

夏の酒のさかなの代表格は枝豆です。

新潟県内各地で盛んに栽培されていますが、新潟市とその近郊が主な産地となっており、弥彦村・長岡市・上越市などでも生産されています。特に有名なのが新潟市黒埼地区で栽培される「くろさき茶豆」で、豊かな甘味が特長です。実の薄皮が薄茶色をしていることから「茶豆」と呼ばれます。

五月の連休明けから枝付き枝豆が出始め、七月に入るともぎ枝豆が店頭に並びます。七月上旬～下旬には早生《わせ》枝豆、七月下旬～九月上旬には茶豆、九月上旬～十月下旬に晩生《おくて》枝豆と出荷が続きます。

●新潟食材カレンダー

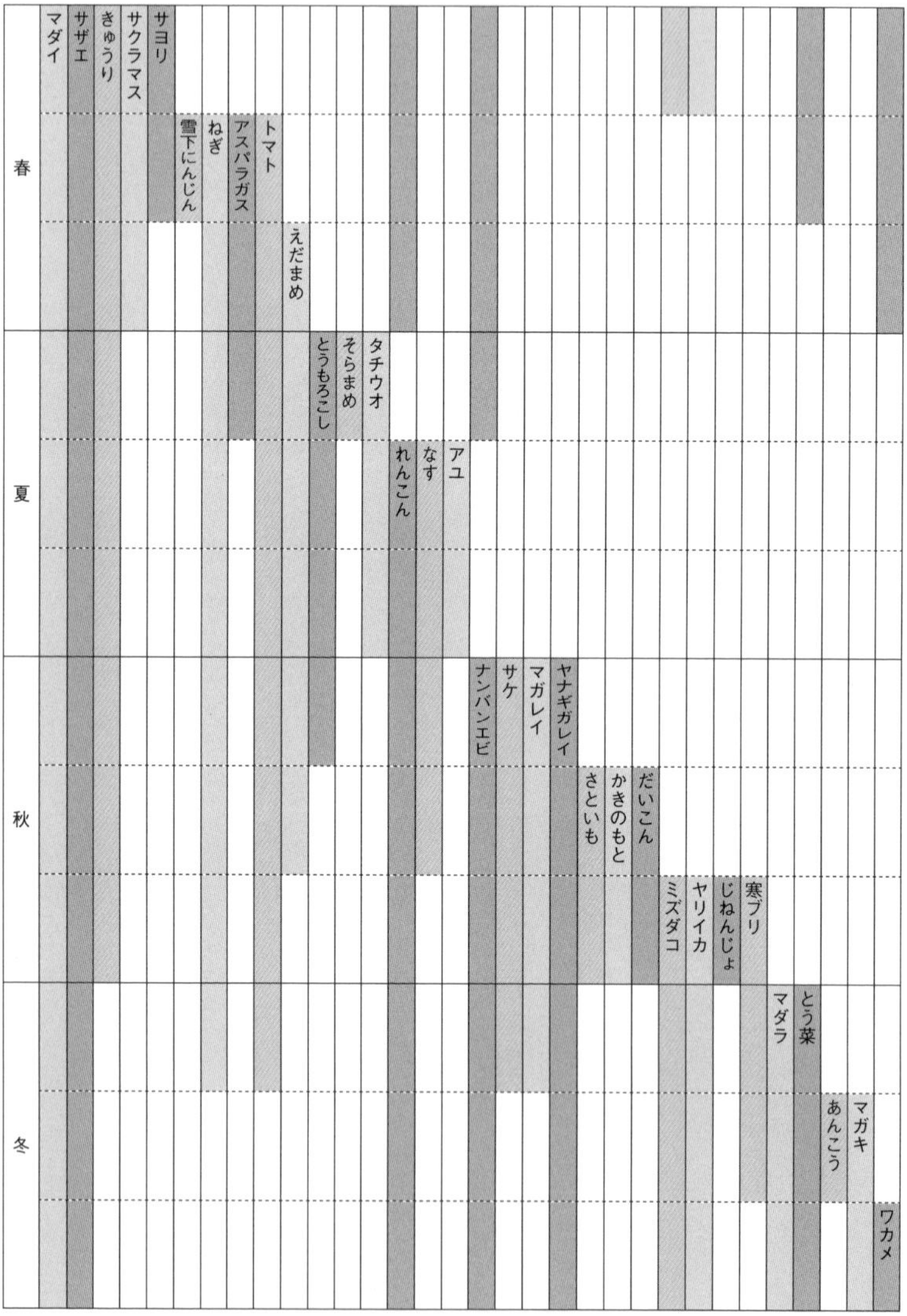
春
夏
秋
冬
マダイ
サザエ
きゅうり
サクラマス
サヨリ
雪下にんじん
ねぎ
アスパラガス
トマト
えだまめ
とうもろこし
そらまめ
タチウオ
れんこん
なす
アユ
ナンバンエビ
サケ
マガレイ
ヤナギガレイ
さといも
かきのもと
だいこん
ミズダコ
ヤリイカ
じねんじょ
寒ブリ
マダラ
とう菜
あんこう
マガキ
ワカメ

■そば

小千谷や十日町地方で作られるそばは、つなぎに海藻のフノリを用います。これは全国的にとても珍しいつくり方です。一説には、同地方は昔から織物が盛んで、糊《のり》付けや洗い張りにフノリの煮汁を利用したため、そばのつなぎにも使われたといわれています。

同地方のそばは弾力があり、のど越しが滑らかです。「へぎ」と呼ばれる木箱の上に一口大にまとめられたそばがきれいに並びます。人数分盛り合わせた「へぎそば」を大勢でつつくのも特徴的です。

「へぎ」とは、杉を木目に沿ってはいだ板（へぎ板）を底にした木箱です。麹《こうじ》づくりで使われる麹蓋もこれと同様のもので、酒蔵でも麹を扱う木箱のことを「へぎ」「へぎ蓋」「へぎ箱」などと呼ぶことがあります。

■サケの酒びたし

「サケの酒びたし」とは、干したサケを薄く切り、酒にひたして食べる村上地方独特の郷土食です。

村上地方には、頭、内臓、背ワタまで捨てることなく食べきるサケ料理が郷土食として伝わっています。身は塩引きや照り焼き、卵はイクラしょうゆ漬け、頭は氷頭《ひず》なます、背ワタはメフンの塩辛など、料理の種類は百以上もあるといわれています。中でも「サケの酒びたし」は、代表的な料理で、酒のさかなにぴったりです。

サケは九月～十二月まで捕れますが、十一月が最盛期。晩秋の村上では、家々の軒先に塩引きザケがつるされている光景を見ることができます。

■ナンバンエビ

ナンバンエビは、新潟の冬を代表する海の幸。身の赤い色と形が南蛮（唐辛子）に似ているため「ナンバンエビ」と呼ばれます。標準和名は「ホッコクアカエビ（北国赤蝦）」。とろけるような独特の甘味から「甘エビ」とも呼ばれます。佐渡や糸魚川が主な産地で、通年水揚げされますが旬は冬です。

小さいうちはすべて雄で、大きくなると雌に性転換する性質があるため、大きなものはすべて腹に青い卵を抱えています。この卵は、酒・しょうゆに漬けて身をあえるとおいしくいただけます。身を取った頭は塩焼きや空揚げ、吸い物に使えます。

■のっぺ

新潟を代表する郷土料理で、正月や慶弔時、また人が集まるときによく作られます。

干し貝柱や煮干しで取っただしで、サトイモ・ニンジン・シイタケ・タケノコ・こんにゃく・ギンナン・かまぼこ・サケまたは鶏肉などの具を煮ます。具の切り方や材料は地域・家庭によってさまざま。冷たくしてもおいしく、サトイモのぬめりと具のうま味が融合したたっぷりの汁とともに味わいます。

清酒文化

酒蔵の軒先に飾ってある杉玉って何？

酒蔵を訪れると、軒先に丸い大きな玉がぶら下がっているのを目にすることがあるはずです。縁起物として大きなスズメバチの巣をつるしていると見間違えている人もいるようですが、これは杉の葉を丹念に何本も何本も挿し束ねて、正円になるようにきれいに剪定《せんてい》したもので、杉玉または酒林《さかばやし》と呼ばれています。

古来、造り酒屋は看板として杉の葉を束ねて軒先につるし、その年の酒造りを酒造の神にご加護を願う風習がありました。そしてこれを酒林と呼んだそうです。江戸時代には盛んに使用されるようになったようですが、昔

杉玉

は俵形のものが主流だったそうです。十九世紀になると現在のような球状のものになっていったことから、杉玉と呼ばれるようになったようです。

また、いつのころからか初搾りに合わせて青々とした真新しい杉玉を軒につるして「今年も新酒ができました」とお知らせし、月日とともに杉の葉が枯れて色があせていく様子で酒の熟成度を表すようにもなったといわれます。地域によっては正月飾りに使われることもあるようで、毎年年末に付け替えることが習慣になっているところもあります。

もともとはどの蔵でも蔵人《くらびと》や杜氏《とうじ》が杉玉を作っていましたが、現在では委託しているところが増えているようです。作り方としては、芯になる丸い球を竹細工や針金などで作ってひもでつるし、そこに刈り取ったばかりでまだ青々としている杉の葉を挿し込むようにして全体が均等になるように大きな玉にしていきます。その後は、剪定をして正円に近づけていけば出来上がり。可能な限り杉の葉の密度を高めることが見た目の美しさにつながるため、一般に作業にはかなりの時間を要します。

造り酒屋で杉玉の色を見て、酒の熟成度合を想像しながら日本酒を一献、何とも四季の彩りのある日本ならではの楽しみではないでしょうか。

（新星会）

酒造りの発展は「寒造り」のおかげ？

酒造りが高度化、複雑化したのは江戸時代に入ってからといわれています。それまでは一年に数回の酒造りが行われてきましたが、江戸幕府は一六六五（寛文五）年に第一次酒造株改めを行い、七〇（同十）年には品質と醸造効率に勝る「寒造之酒」への集中化を図るよう、覚書を布告しました。

冬季が農閑期に当たる農民や、冬の悪天候で休漁日が多い海浜の漁民にとっては、冬の間の出稼ぎ労働が欠かせませんでした。一方で寒造りを始めた造り酒屋では、冬季だけの労務が必要となります。いわゆる寒造りの普及拡大は、両者の利害を一致させたのです。こうして冬季の出稼ぎによる清酒造りが広まったといわれています。

さらに、一八〇六（文化三）年に布告された、新規の酒蔵に制限なしの醸造を許す「酒勝手造り」によって、一気に清酒の製造量が増大し、農漁村からの出稼ぎ技能者が、清酒造りの重要な労働力として確立していきました。

清酒造りは、杜氏《とうじ》を核として集団で働くために、厳密なチームワークを必要とします。地元でチームを編成して酒造りに赴く技能者たちは、その出身地によって丹波杜氏・南部杜氏・越後杜氏など独自の発展を遂げました。明治時代には新潟県から清酒造りで出稼ぎに出る者は二万人を超えたといわれます。農漁村では、冬季は田畑への積雪や漁場の時化《しけ》で収入が途絶える時期でもあります。冬季の出稼ぎは、口減らしとしての意味もあり、切実な生活手段の一つでした。

しかし、高度成長期に入ると、農漁村の産業構造、特に雇用状況の変化から通年兼業農家が増加して出稼ぎ人口は激減しました。さらに、農漁村青年の意識の変化もあり、酒造場では季節雇用の酒造技能者の確保が次第に困難になり、昭和四十年代半ばから次第に通年雇用に切り替わっていきました。

蔵人《くらびと》たちの役割と上下関係とは?

杜氏《とうじ》集団にはさまざまな役職と役割分担があります[*1]。昔の、冬季の出稼ぎで清酒造りをしていたころの蔵人たちの組織を紹介しましょう。

清酒造りの長は杜氏、その他の技術者は蔵人と称して区別されます。杜氏は、その蔵の清酒造りの全責任を負い、蔵人を統括し、現場の管理を行います。杜氏は酒造技術面のエキスパートであり、統率力や判断力、管理能力に優れた人格者であることが求められました。

寒造りが一般的になると、杜氏は蔵入りまでに蔵人を編成し終えなければなりませんでした。出稼ぎは半年にも及ぶ長い期間にわたり、全員が寝食を共にします。そのため、蔵人には、地縁や血縁を重視し、信頼できる気心の知れた者たちを集めました。

まず、杜氏を頂点に、杜氏を補佐する頭《かしら》、麹《こうじ》づくりの責任者である麹屋を三役とし、清酒造りの中核をなします。

三役の下は、酒母《しゅぼ》づくり担当の酛屋《もとや》、酒造用具を手配する二番、蒸米《むしまい》の甑《こしき》担当の釜屋、醪《もろみ》の圧搾・ろ過担当の槽頭《せんどう》。これらの担当が役人《やくびと》と称される中堅幹部です。その下に上働きと駆け出しの下働きの働き衆がいました。このほかに、蔵人たちの食事や風呂の始末をする広敷番《ひろしきばん》[*2]や、精米担当の搗《つ》き屋などの係があります。

蔵人の組織には厳然とした上下関係があり、新参の蔵人は飯炊きや掃除から清酒造りの修業を始めました。若い下働きの中には、厳しい修業に耐えられず逃げ帰る者もいましたが、大方はこれに耐え、過酷な労働を通して清酒造りの技術を会得していき、下働きから上働き・役人・三役・杜氏へと昇進を目指しました。

当時の蔵人の労務は、微妙な変化を続ける麹菌や酵母、醪の育成や管理を中心とした醸造工程を、経験と勘を頼りにこなす特殊な技能労務でした。そのため、清酒造りの技能伝授は、蔵人が共同作業を通して杜氏や上役先輩から酒造りの技を盗み、体で覚える徒弟制的なものでした。

季節労働から社員として通年雇用することが多くなった現在でも、基本的な役職や分担は変わりませんが、役の呼称は変わっている場合もあるようです。

＊1　杜氏の出身地などによって、分担や用語は多少異なる。

＊2　広敷番は、特に置かないところが多い。

昔の蔵人《くらびと》たちの生活とは？

出稼ぎ労働が蔵人たちの主流だった時代、清酒造りは十月下旬から始まり、十一月中旬までには全員が蔵入りを済ませました。清酒造りを終えて帰郷するのは四月中旬です。役人は五月にかかることもありました。この半年にもわたる間の蔵人たちの生活はどんなものだったのでしょうか。

全員が起床するのは午前四時ごろ。これを総起こしと言います。蔵人たちは、杜氏《とうじ》以下一同そろって松尾大明神を祭る神棚に手を合わせ、広敷《ひろしき》（蔵人の協同部屋）に集まり、杜氏のあいさつを聞きます。続いて頭から一日の作業予定と各人への仕事割り当ての指示を受け、飯前の朝仕事に掛かります。

二時間ほど働いた後に朝食、囲炉裏《いろり》を囲んでの小休止となります。その後、再び蔵で仕事をし、昼食になると、二時間程度の昼寝をしました。仕込み期間中は番割りという夜の勤務があり、睡眠は五時間ほどしかとれません。そのような日が二カ月以上も続くため、蔵の仕事には昼寝が欠かせなかったのです。

また仕事に戻り、仕事が終わる五時か六時までの間に休憩を一回取ります。杜氏・役人は夕飯前、ほかは夕飯後に入浴し、夕食には酒が振る舞われます。

夕食後も仕舞《しまい》仕事、夜中の番割り作業が待っています。夜中の酒蔵では二人一組となり、醪《もろみ》や麹《こうじ》の醗酵《はっこう》管理を交代で続けなければなりません。真夜中二時になると甑《こしき》出し担当の釜屋が準備に掛かり、三時には添え番の下働きが起き、四時の総起こしに間に合うよう甑で蒸し上げます。

酒蔵での生活の中で最もつらいのは睡眠不足と寒中の水仕事、待ち遠しいのは就寝時間と帰郷、楽しみは広敷での談笑と家族や友人からの便りだったといいます。

無事に清酒造りを終えると、待ちに待った帰郷です。朝、蔵人たちは一同そろって松尾大明神にお別れの礼拝を済ませ、朝食に主人からの心尽くしの祝い酒を飲み交わします。着替えを済ませ、主人やお内儀《かみ》さんにいとまごいの挨拶をし、給金を懐に半年近く暮らした酒蔵を後にしました。

新潟に残る酒造図絵馬

神社やお寺に奉納されている絵馬の中に、酒造りの様子などを描いたものがあるのをご存じですか。内容や大きさはさまざまですが、この酒造図絵馬は、酒造りの歴史を伝える貴重な史料でもあります。

新潟県内では、長岡市（旧三島町）上岩井の根立寺《こんりゅうじ》・長岡市（旧越路町）東谷の松尾神社・

柏崎市細越の松尾神社に伝わる三点の絵馬が確認されています。

安政六（一八五九）年に奉納された根立寺の絵馬には、圧搾《あっさく》・ろ過の工程が描かれています。絵を見ると、桶《おけ》から熟成した醪《もろみ》を酒袋に移して槽《ふね》で搾り、槽の下についた銚子口から流れ出た酒を「すいのう」という道具でこしている様子が分かります。

旧越路町の松尾神社と柏崎市の松尾神社の絵馬には、酒米を貯蔵する蔵や酒屋の店先、酒造工程、蔵人《くらびと》たちの休憩所など、さまざまな場面が描かれています。特に旧越路町のものは、全国的にも大きな絵馬で、二〇〇三（平成十五）年に旧越路町の文化財に指定されました。

旧越路町の絵馬を見ると、右側に描かれた酒店では、番頭らしき人が客と商談し、土間では男たちが酒を酌《く》み交わしています。店に隣接しているのは米蔵です。酒造工程としては、桶などの道具の手入れ・精米・洗米・浸漬《しんせき》・蒸籠《じょうきょう》・酒母《しゅぼ》づくり・圧搾・ろ過・滓引《おりび》き・火入れ・樽詰めなどが描かれ、広敷では蔵人たちが食事や歓談をしてくつろいでいます。

服装や人々の表情など、見るほどに酒造図絵馬への興味は尽きません。絵の中から、現在とは違う道具や工程などを探してみるのも面白いのではないでしょうか。酒造図絵馬の調査・研究は始まったばかりですが、研究が進み、これからもっと酒造図絵馬が見つかれば、酒造りの新たな歴史が明らかになるかもしれません。

◆野堀正雄「酒造図絵馬の研究―新潟県下の事例について―」より

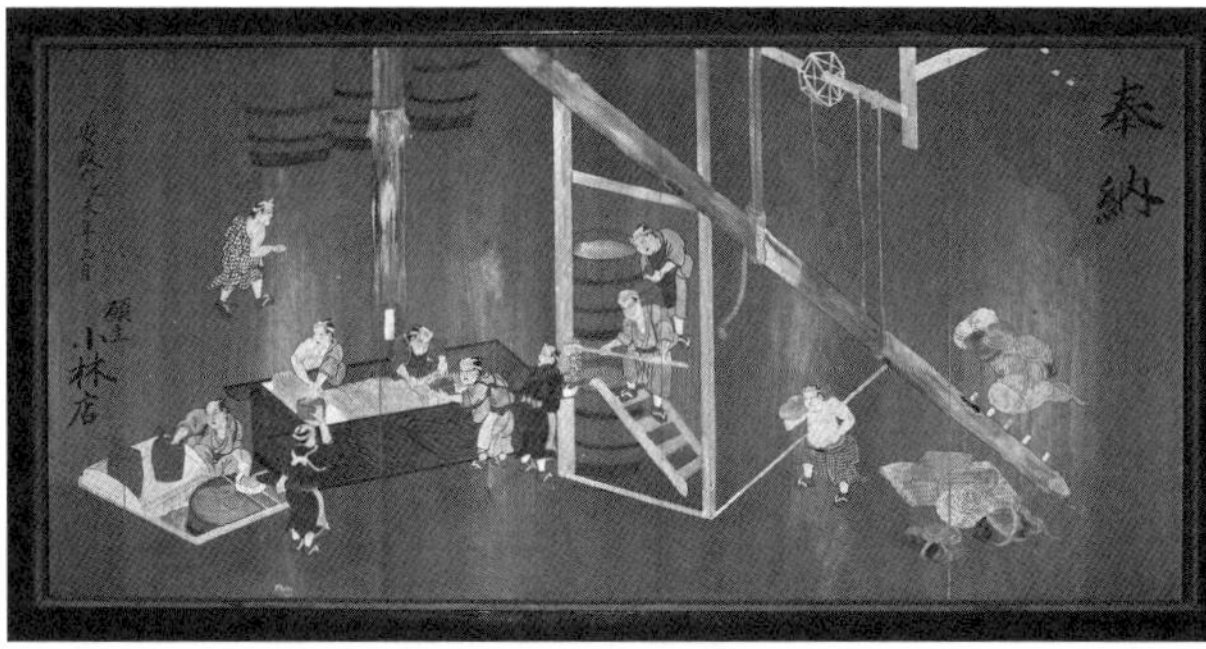

根立寺（旧三島町）

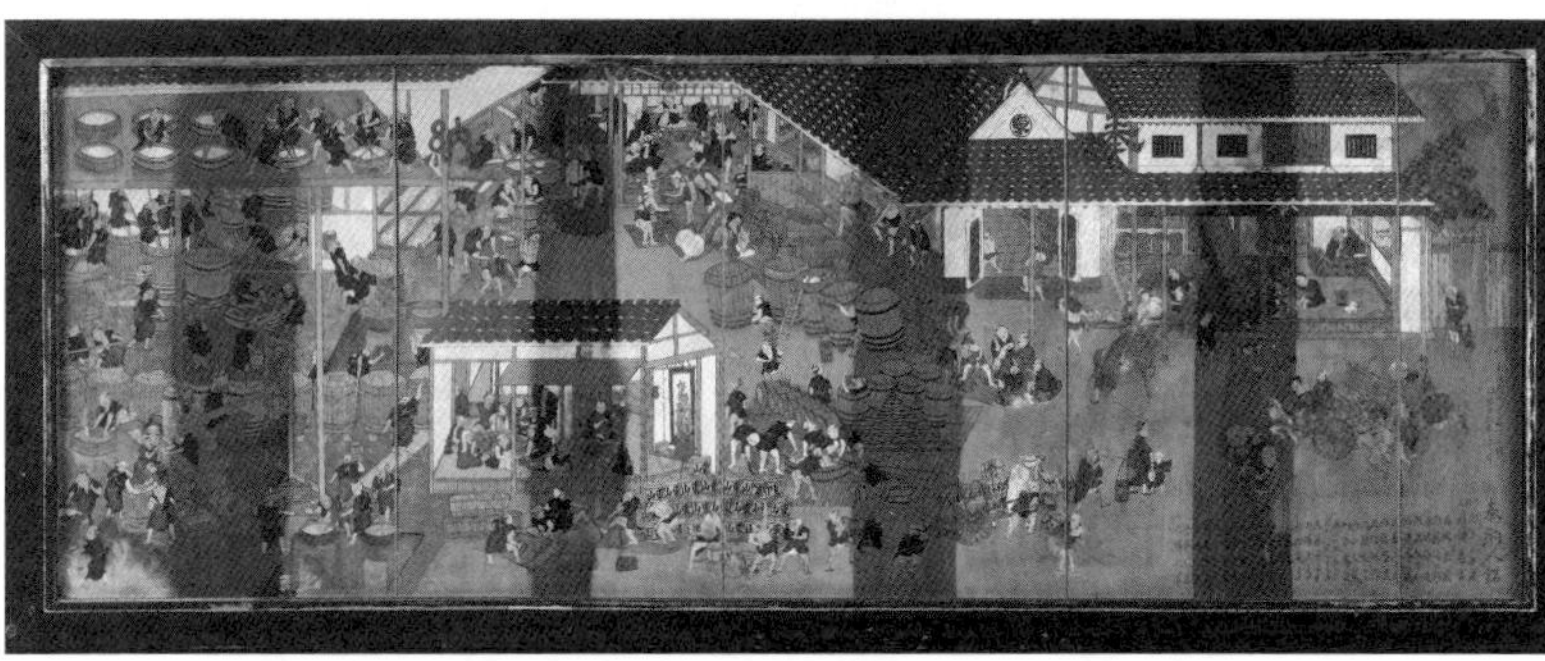

松尾神社（旧越路町）

松尾神社（柏崎市）

新潟には全国に名を馳せた醸造科が設置された高校があった

上越市吉川区（旧中頸城郡吉川町）は古くから多くの杜氏を輩出し、杜氏の里として知られてきました。一九九〇年ころに大ヒットした漫画であり、その後テレビドラマにもなった「夏子の酒」でも蔵に務める杜氏の故郷として紹介されています。また、酒造好適米・五百万石の栽培が盛んな生産地としても知られ、まさに酒とは切っても切れない地域といえます。

そのような背景を持つ地元の強い熱意と要望から、一九五七（昭和三十二）年四月、新潟県立吉川高等学校（以下、吉川高校）に醸造科が設置されました。当時、全国に複数あった高校の醸造科は、その後、時代とともに次々と閉科しましたが、吉川高校醸造科は近年まで残りました。また、ここから巣立っていった多くの卒業生が長年にわたって新潟県内はもちろん全国各地の蔵元で活躍したことから、吉川高校は「酒造りの高校」として全国的に有名になりました。生徒たちが実習で醸した酒も「吉川乃若泉」という銘柄で市販されました。

しかし、全国に名を馳せた吉川高校醸造科も二〇〇一（平成十三年）年に入学した第四十五期生を最後に生徒の募集を停止し、〇四（同十六）年三月、その第四十五期生の卒業によって四十七年という歴史に幕を閉じました。醸造科の特長であった醸造実習は、〇二（同十四）年以降の入学生に対しても普通科食品科学コースで続けられました。

その後、吉川高校は二〇〇六（平成十八）年四月に柿崎高校との統合による久比岐高校創立を経て、〇八（同二十）年三月、吉川高校として最後に受け入れた生徒の卒業をもって吉川高校そのものが閉校となりました。一九一〇（明治四十三）年に中頸城郡立吉川農学校として創立した吉川高校は、こうして約百年という長い歴史に幕を閉じました。

清酒業界に多くの人材を送り出してきた伝統校である新潟県立吉川高等学校は、少子化や時代の流れによってなくなってしまいましたが、地元から若き酒造りの技術者を育てるという思いは卒業生によって語られ、その精神も引き継がれていくことでしょう。

酒は楽しく嗜《たしな》むものなり。「酒飲礼儀」十一カ条とは？

新潟清酒学校では教養課程として、開校初年度から「酒飲礼儀」の講座を開講しています。「酒飲礼儀」とは、酒造りのプロとしての酒席での心得をまとめたものです。新潟清酒学校独自の酒飲礼儀十一カ条を考案したのは、元大洋酒造社長で元関川村村長の平田大六さんです。「講義は五十分間あり、体験談や失敗談を交えた話をします。みんな真剣に聞いてくれますね。前段の『酒造りのプロを志さんとする者、自らの手になる酒を喰いて乱れるは論外』とは、プロの技術屋が酒でけんかしては駄目だということを言いたかったのです。乱れてしまうようなお前の酒は誰も買わないぞ、と。また、翌日まで酒が残ると技術屋はきき酒ができなくなります。

これは講師七、八人で実験した結果です。酒造りのプロならば、仕事に差し支えるような飲み方をしてはいけません」

酒飲礼儀の中に芸妓《げいぎ》さんが登場するのも、新潟ならではのこと。「芸妓さんは酒屋の宣伝をしてくれる大切な存在です。いわば、新潟清酒のＰＲ係。対等に扱いましょうということですね」

■酒飲礼儀

酒は楽しく嗜むものなり。酒席もまた人格の顕《あらわ》れるものなれば、主、客の間、己《おのれ》の立場をわきまえ、これを道と心得きわめるべし。しかして、酒造りのプロを志さんとする者、自らの手になる酒を喰いて乱れるは論外のことなり。

一、席は主人の指図に素直にしたがうべし。遠慮は見苦し。

二、酔わぬは礼を欠く。その酔い様に品格の上下あり。酔って悪しき態は、怒、長、淫、なり。

三、主賓は酌《しゃく》を待つべし。みだりに席を離れるは困乱の因《もと》なり。

四、芸妓へ礼を欠くべからず。

五、主人は特定の客のみと親しくするべからず。いわんや芸妓においておや。

六、酌をするに正面より相対して行うべし。側に並びて行うは、特別の関係を見せ、座の白ける因なり。

七、主賓を一人に占めるはつつしむべし。また、絶え間なく酌責めするは馳走《ちそう》等の間を与えず失礼なり。

八、盃をとらすは目上。目下が空盃を持ちまわるは無礼なり。

九、主賓去るまで退席するべからず。

十、酒席での約束事は酔醒《さ》めるとともに消えると心得おくことこそ肝要なり。

十一、酒造り人たる者は、仕事の話を尋ねられたるときは、これをひかえめに行うべし。また、深酔、あるいは両日に連なる飲酒は厳につつしむべきことなり。

平田大六

（一九八四年　第一版　新潟清酒学校「酒飲みのマナー」教本　二〇〇五年六月二〇日　改訂より）

全国新酒鑑評会とは？

独立行政法人酒類総合研究所と日本酒造組合中央会との共催で開かれる、清酒業界最大規模のコンテストが「全国新酒鑑評会」です。その年に製造された清酒の酒質の現状と動向を明らかにして、清酒の品質と酒造技術の向上に役立てることを目的とし、一九一一（明治四十四）年から開催されています。全国から送られた酒を予審、決審を経て審査し、特に成績の良い清酒には金賞が授与されます。

二〇一八（平成三十）年現在では、鑑評会は広島で開催され、一般消費者や小売業者を対象とした公開きき酒会は東京で開催されています。

新潟県酒造組合加盟企業だけが表示できる「新潟清酒」

地域ブランドの保護・育成のため、二〇〇六（平成十八）年四月から地域団体商標制度が始まりました。これまで、「新潟清酒」のような地域名を冠した商品の名称は商標登録することができませんでしたが、条件が緩和され、団体による登録が可能になりました。

新潟県酒造組合は、〇六年六月に「新潟清酒」を出願し、〇七（同十九）年三月に登録されました。これによって、新潟県酒造組合加盟企業以外での「新潟清酒」の名称使用を排除できるようになり、「新潟清酒」のブランド価値が一層高まりました。（新星会）

「新潟淡麗《たんれい》 にいがた酒の陣」のモデルとなった祭り

毎春十万人を超える来場者でにぎわう、新潟清酒の一大イベント「にいがた酒の陣」は、新潟県酒造組合創立五十周年を記念する行事として企画されたものです。

伝統あるミュンヘンのオクトーバー・フェスト（ビール祭り）を参考に「新潟ならではの盛大な日本酒の祭り」を目指し「新潟の酒を、新潟の地で、新潟の食とともに楽しんでもらう」コンセプトで二〇〇四（平成十六）年から開催されています。

首都圏などの大消費地を会場とした試飲会とは異なり、あくまでも新潟の地にこだわり、酒と食をご当地で楽しむお祭りとして、回を重ねるごとに来場者が増え、開催規模も拡大しており、酒の陣を目的に新潟を訪れる遠来のファンも増加しています。

いつの日か、ミュンヘンのオクトーバー・フェストに迫る「世界に誇る新潟の酒祭り」へと成長することが期待されています。

（新星会）

新潟淡麗　にいがた酒の陣

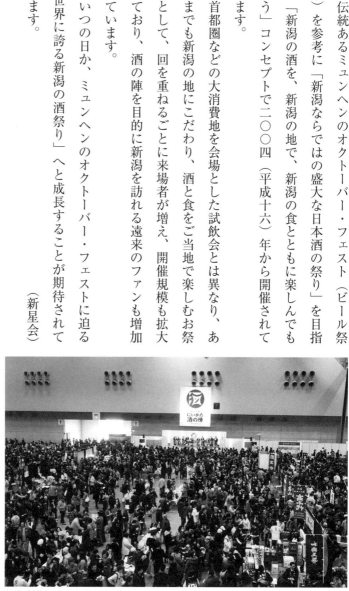

新潟清酒で乾杯！

「それではご参会の皆様のご多幸・ご健勝を祈念いたしまして乾杯！」

宴席であらたまった礼講からにぎやかな無礼講に移る際に、必ずといっていいほど私たちは乾杯をします。皆さんはどんなお酒で乾杯をされるでしょうか？　ビール・ワイン・シャンパン・それとも日本酒で…。

乾杯をする際に「祈念する」という言葉をよく使います。これは神様にお祈りするということです。では何にお祈りするのでしょうか？　信仰は自由であり、特に決められたものはありませんが、一般的に日本人がお祈りする神様といえば古来日本の神様である「八百万《やおよろず》の神《かみ》」になると思われます。今でも多くの家に神棚が残り、家内安全などを祈念して日本の国酒である日本酒がお供えされています。そう考えると乾杯に使う酒はやはり日本酒が最適なものといえるのではないでしょうか。

近年、日本人は日本の心をなくしたといわれます。それが的を射ているかどうかは分かりませんが、グローバリゼーションが進む中、世界中の人々と交流し互いを理解していくためには、自国の文化を大切にし、アイデンティティーを確立する必要があるといいます。

日本酒は古来、日本文化に深くかかわり、根ざしてきたものです。料理とともに四季を愛《め》で、心身を癒し、ご縁をつなぎ、和みに酔うお酒です。中でも新潟清酒は、豊かな新潟の山の幸・海の幸と相まって素晴らしい食文化を奏でてきました。高い品質に裏付けられた、あと口のきれいな淡麗《たんれい》な味わいは、繊細な日本料理を引き立て、さらなる高みへといざないます。白砂青松の美しい海岸線、深い山々の青と高い空の青の対比、黄金色に染まる田園風景、山野を白の世界にする雪。日本の素晴らしい自然をすべて内包したような豊饒《ほうじょう》の地・新潟。そこではぐくまれた極上の酒・新潟清酒のある生活を試してみませんか。そこには日本文化の素晴らしさが少なからず見えてくるはずです。

「新潟清酒で乾杯！」

新潟清酒達人検定協会

第四章

新潟清酒の歴史

今日の新潟清酒は、先人たちが積み重ねてきた歴史の上にある。
時代とともに歩んできた新潟清酒の道のりを振り返る。

年表

西暦　和暦	新潟清酒関連の動き	醸造関係の動き	県内・日本・世界の動き
一五五〇ころ	県内最古の造り酒屋が創業したとされる		
一八九四　明治二十七	新潟県酒造業連合組合結成		
一八九六　明治二十九		酒税法、混成酒税法、自家用酒税法の制定	
一九〇四　明治三十七		大蔵省醸造試験所設立	日露戦争（〜一九〇五年）
一九〇五　明治三十八	新潟県酒造業連合組合解散	三社合併により、大日本麦酒設立	日本海海戦
一九〇六　明治三十九		醸造協会設立　きょうかい酵母一号頒布開始	
一九〇七　明治四十		醸造協会主催第一回全国清酒品評会	
一九一〇　明治四十三	新潟県酒造組合連合会結成 第一回酒類品評会開催		
一九一一　明治四十四		第一回新酒鑑評会開催	辛亥革命
一九一四　大正三		全国的な大腐造	第一次大戦（〜一九一八年）

西暦	和暦	新潟清酒関連の動き	醸造関係の動き	県内・日本・世界の動き
一九一五	大正四		醸造協会主催全国清酒品評会改め全国酒類品評会として開催 醸造協会解散、財団法人日本醸造協会設立	
一九一六	大正五		醸造協会より乳酸の販売開始	
一九一七	大正六		灘酒研究会発足	
一九二〇	大正九	新潟県酒造大会開催	酒造税、麦酒税、酒精及び酒精含有飲料税の増税	国際連盟発足 米国で禁酒法発令
一九二二	大正十一		酒造税改正　滓引減量及び貯蔵減量控除の拡大 未成年者飲酒禁止法公布	
			合成清酒の開発	
一九二三	大正十二		ほうろうタンク開発	関東大震災
一九二四	大正十三		全国醸造技術家大会開催 国産ウイスキー製造開始	
一九二六	大正十五 昭和元		酒造税、麦酒税、酒精及び酒精含有飲料税の増税 日本醸友会が創立	大正天皇崩御
一九二七	昭和二		日本醸友会第一回定時総会	大西洋無着陸横断飛行成功

西暦	和暦	新潟清酒関連の動き	醸造関係の動き	県内・日本・世界の動き
一九二九	昭和四		酒造組合中央会設立	世界大恐慌
一九三〇	昭和五	新潟県醸造試験場発足	竪型精米機発明 日本醸友会、社団法人となる	ロンドン軍縮会議
一九三三	昭和八		竪型精米機が普及する	ヒトラー内閣誕生
一九三五	昭和十		国産ブランデー製造開始	天皇機関説、問題となる
一九三七	昭和十二		臨時租税増徴法　一石につき二円徴税 酒精専売法施行	日中戦争
一九三八	昭和十三		支那事変特別税法の制定　酒類に物品税を併課、酒類販売業に免許制度を採用	国家総動員法
一九三九	昭和十四		価格等統制令　酒類へ価格統制制度適用 金魚酒出回る	第二次大戦
一九四〇	昭和十五		酒造米の配給統制・清酒の生産統制始まる 酒税法改正（造石税と庫出税の併用）	大政翼賛会発足 日独伊三国同盟
一九四一	昭和十六		酒税等の増徴等に関する法律の制定	太平洋戦争
一九四二	昭和十七		食糧管理法公布	

西暦　和暦	新潟清酒関連の動き	醸造関係の動き	県内・日本・世界の動き
一九四三　昭和十八	新潟県酒販組合連合会結成	酒類配給制度　大日本酒類販売株式会社ほか三団体により配給される 酒類の級別制度始まる 清酒醪へのアルコール添加始まる 酒類行団体法公布施行、酒類業界の企業整備実施	学徒出陣
一九四四　昭和十九		造石税廃止、庫出税だけとなる	本土爆撃本格化
一九四六　昭和二十一		臨時物資需給調整法　酒類、指定配給物資となる 物価統制令　酒類の価格統制継続 密造酒、出回る	日本国憲法公布
一九四七　昭和二十二		酒類配給公団法 食品衛生法公布	岡田正平、新潟県知事に当選 日本国憲法施行
一九四八　昭和二十三	酒類配給公団新潟支所開設 新潟県酒造組合閉鎖機関に指定 新潟県酒造協会設立 新潟県酒造工業協同組合設立 新潟県酒販協会設立	酒類配給規則制定　酒類の集荷・配給は、酒類配給公団が行うこととなる。 大日本酒類販売株式会社ほか三団体は解散 果実酒の統制価格が廃止 全国的な大腐造	極東軍事裁判判決 帝銀事件

西暦　和暦	新潟清酒関連の動き	醸造関係の動き	県内・日本・世界の動き
一九四九　昭和二十四		酒類配給公団が廃止 酒類配給規則改正　配給酒は基本税のみ賦課し食糧増産や基礎産業従事者に供給。自由販売酒には基本税と加算税を課し、一般家庭に供給 大日本麦酒、日本麦酒と朝日麦酒に分割 原料米不足による三倍醸造法開始 国税庁発足	
一九五〇　昭和二十五		ウイスキー類、スピリッツ類、リキュール類、甘味果実酒類及び雑酒の価格統制廃止 特定地加算制度	朝鮮戦争
一九五一　昭和二十六		計量法公布	サンフランシスコ平和条約・日米安全保障条約調印
一九五二　昭和二十七	旧新潟県酒造従業員組合連合会結成（三八ページ参照）	臨時物資需給調整法の失効　配給酒制度廃止 （社）日本酒造協会主催第一回全国清酒品評会開催（～一九五八年）	

西暦　和暦	新潟清酒関連の動き	醸造関係の動き	県内・日本・世界の動き
一九五三　昭和二十八	新法制により 新潟県酒造組合設立 新潟県小売酒販組合連合会結成 新潟県酒類業団体連盟結成	酒税法の全部改正　税率が約二五％引き下げられる。酒税証印紙制度が導入 酒税の保全及び酒類業組合等に関する法律公布 日本洋酒酒造組合創立 麦酒酒造組合創立 全国卸売酒販組合中央会創立 日本酒造組合中央会創立	
一九五四　昭和二十九		清酒の特級、第一級、ビール、雑酒特級等の高級酒類の増税 清酒、合成清酒、焼酎甲類は新規参入を認めない方針を採る ビールや果実酒は、酒税保全上支障がないと認められる場合は免許付与することとする	
一九五五　昭和三十		大型仕込みタンク開発	北村一男、新潟県知事に当選 社会党統一・保守合同
一九五六　昭和三十一	新潟県酒造協同組合解散 酒造会館竣功	蒸米放冷機開発	
一九五七　昭和三十二	酒造好適米「五百万石」誕生		

西暦　和暦	新潟清酒関連の動き	醸造関係の動き	県内・日本・世界の動き
一九五八　昭和三十三		清酒第二級、合成清酒第二級、焼酎、みりん乙類、果実酒、雑酒二級について約一〇％の税の引き下げ	一万円札発行
一九五九　昭和三十四	新潟県杜氏会発足 第一回新潟県産清酒まつり（〜一九六七年）	税率が一石当たりから一キロリットル当たりに改正 自動製麹機開発	伊勢湾台風
一九六〇　昭和三十五	酒類の公定価格廃止、基準販売価格に移行	物価統制令に基づく酒類の価格統制廃止 酒類業組合法による基準販売価格制度実施 道路交通法公布（酒気帯び運転の禁止）	安保闘争で全学連七千人が国会構内に突入 新安保条約発効
一九六一　昭和三十六	第一回酒造従業員表彰 建値販売の実施	酒類香料研究会発足 連続蒸米機開発 本格四季醸造蔵完成	農業基本法公布 ソ連人間衛星船打ち上げ成功。人類初の宇宙旅行 塚田十一郎、新潟県知事に当選
一九六二　昭和三十七	越後清酒振興協会設立	酒税法の大幅改正　清酒特級、ウイスキー類特級等の高価格酒に従税制度。酒税の納税方法は、原則として申告制度となる 酵母仕込み実施	新潟〜上野間に特急「とき」走る キューバ危機

西暦	和暦	新潟清酒関連の動き	醸造関係の動き	県内・日本・世界の動き
一九六三	昭和三十八	清酒製造業、中小企業近代化促進法の業種指定に	特定地加算制度廃止 連続自動搾機開発 清酒製造業が中小企業近代化促進法の業種に指定	三八豪雪 ケネディ米大統領暗殺される 名神高速道路開通
一九六四	昭和三十九		カップ酒開発 酒類の基準価格廃止、自由価格となる 清酒製造業の近代化基本計画、第一次近代化実施計画が告示	新潟地震 東海道新幹線開通 第十八回オリンピック東京大会開催
一九六五	昭和四十	新潟清酒愛用協議会設立 「酒は新潟」大ネオン塔設置	日本アルコール医学会が設立	新潟水俣病患者発生 県の鳥に「トキ」決定 アメリカ軍によるベトナム北爆開始 いざなぎ景気始まる
一九六六	昭和四十一	「金印新潟清酒」設定 新潟県酒造杜氏研究会設立		中国で文化大革命 亘四郎、新潟県知事に当選 七・一七水害
一九六七	昭和四十二	旧新潟県酒造従業員組合連合会と新潟県杜氏会が統合、新潟県酒造従業員組合連合会結成（三八ページ参照） 清酒製造業の退職金共済組合設立	登録免許税法の制定　酒類の製造、販売免許にも登録免許税を課税 清酒酵母研究会設立 日本醸造協会伊藤保平賞第一回授賞 公害対策基本法公布	八・二八水害 上越線新清水トンネル開通 EC（欧州共同体）が発足

西暦	和暦	新潟清酒関連の動き	醸造関係の動き	県内・日本・世界の動き
一九六八	昭和四十三		清酒特級及び一級、ビール、ウイスキーに従量税率約一〇～一五％引き下げ ウイスキー原酒の麦芽使用割合の引き上げと原酒混和率の引き上げ 焼酎の定義を改正 大気汚染防止法公布	三億円事件
一九六九	昭和四十四	自主流通米制度で新潟県酒造協同組合設立	第一回醸造に関するシンポジウム開催（～一九八七年　第十九回まで毎年開催） 酒造組合中央会サリチル酸使用自粛を声明、自主流通米制度導入	自主流通米制度に反対する日農系農民約三百人、知事との団交を求め県庁に乱入 米アポロ十一号月面着陸
一九七〇	昭和四十五	新潟県醸造試験場で紅麴菌を応用した「あかい酒」開発	清酒製造業等の安定に関する特別措置法（清酒業等安定法） 水質汚濁防止法公布 生酒の開発	大阪で万国博覧会開催
一九七一	昭和四十六	清酒「雪ん子」商標登録 新潟清酒（特・一級）おけさセール（～一九七三年、一九七五～七六年実施）	焼酎乙類を本格焼酎と呼んでよいことになる 泡なし酵母七〇一号醸造協会から頒布開始 ウイスキー貿易自由化 醸造技術―焼酎乙類発行	高田市・直江津市合併、上越市へ 環境庁発足

西暦　和暦	新潟清酒関連の動き	醸造関係の動き	県内・日本・世界の動き
一九七二　昭和四十七	新潟清酒専用酒券（贈答券）発行 労働安定衛生法制定	国税庁に鑑定企画官設置 日本蒸留酒酒造組合創立	田中角栄、県人初の内閣総理大臣就任 沖縄返還・日中国交正常化 札幌冬季オリンピック 連合赤軍浅間山荘事件
一九七三　昭和四十八	新潟清酒研究会発足 ふるさとの酒まつり始まる（～一九八〇年） 「五百万石」が県の奨励品種となる	そば焼酎、製品として販売開始 サリチル酸が指定物品から削除 食品の製造年月日表示の義務化	第一次石油危機 ベトナム和平協定調印
一九七四　昭和四十九	生産自主規制終了、完全自由化へ 景品付き販売行為で国税庁に行政指導を陳情	日本ワイナリー協会発足 清酒製造量、史上最高一二五三千キロリットルとなる α化米仕込みが普及	君健男、新潟県知事に当選
一九七五　昭和五十	「酒造労務管理の手びき第一集」を編さん	清酒の製造年月表示スタート 酒類自販機の二三時から五時まで販売中止の自主規制開始	福島潟干拓完工式 沖縄海洋博
一九七六　昭和五十一	第三次構造改善事業計画策定 欧州酒類中小企業経営に関する視察調査団十人参加 排水処理の手びき発刊 酒米価格安定要求貫徹総決起大会（東京＝組合から六四人参加）	清酒一級は約一五％、清酒特級、ビール、果実酒類の一部、ウイスキー類の特級及び一級、スピリッツ類、リキュール類、雑酒について約二一％従量税率の引き上げ 麹の製造は、免許制度から申告制度に変更	田中角栄前首相、ロッキード疑惑で逮捕される

西暦　和暦	新潟清酒関連の動き	醸造関係の動き	県内・日本・世界の動き
一九七七　昭和五十二	日本酒造組合中央会総会、新潟市で開催	労働安全衛生法改正（職業性疾病対策の強化など）	新潟〜佐渡間にジェットフォイル就航 日航機ハイジャック事件 有珠山爆発
一九七八　昭和五十三	「新潟県醸造試験場改築実現のための決議文」表明	従量税率が原則として一律約二四％引き上げ 清酒特級、一級、焼酎甲類、みりん本直しについては、約五〜一八％引き上げ 果実酒の定義を改正 麹販売業の開廃申告廃止 洋酒技術研究会会報発行 日本酒造組合中央会、十月一日を日本酒の日と制定	北陸自動車道新潟〜長岡間開通 日中平和友好条約締結
一九七九　昭和五十四	新潟県酒類業懇話会発足	ビールの表示に関する公正競争規約 灘の酒用語集発行 紙パック酒開発	上越新幹線大清水トンネル貫通。二二・二キロ（当時世界最長） ソ連、アフガニスタンに軍事介入 第二次オイルショック
一九八〇　昭和五十五		ウイスキーの表示に関する公正競争規約 （社）アルコール健康医学協会設立	新潟県庁舎移転先、日軽金跡地に決まる イラン・イラク戦争

西暦	和暦	新潟清酒関連の動き	醸造関係の動き	県内・日本・世界の動き
一九八一	昭和五十六	新潟県醸造試験場新庁舎完成 同創立五十周年記念「新潟の酒まつり」開催 新潟県醸造試験場「越の風」開発 日本酒センターイベント（〜一九九七年）	従量税率が原則として一律約二四％引き上げ　清酒一級については一五％、焼酎甲類、みりん本直しについては、約五〜一八％引き上げ 清酒の表示に関する自主基準　粉末酒が酒類の範囲に加えられる 泡盛一号酵母を分離選抜 東京銀座に日本酒センター開館	中国残留孤児が初の来日（四十七人）
一九八二	昭和五十七	日本酒党大会始まる（〜二〇〇一年） 全国きき酒選手権新潟県代表決定大会始まる 新潟清酒研究会十周年記念式典	改定食管法施行（厳格な配給制度の廃止） チューハイブーム	上越新幹線が大宮まで開通 五百円硬貨登場
一九八三	昭和五十八	酒造好適米生産研究会設立 技能者養成プロジェクトチーム発足	生酒・生貯蔵酒販売 焼酎製造技術発行 泡盛に関する研究 公衆衛生審議会「アルコール関連問題対策委員会」設置	大韓航空機撃墜事件
一九八四	昭和五十九	新潟清酒学校開校 活路開拓ビジョン報告書まとめる 技能者養成の教育システムづくりに関する意見書まとめる	従量税が二〇％程度引き上げ 免税酒類の表示制度の廃止 容器検定制度の簡素化 酒類の種類の表示制度の簡素化 他用途利用米制度が導入 日本酒造史研究会（現・日本酒造史学会）発足	柏崎原発一号機臨界に。県内初の原子の灯

西暦　和暦	新潟清酒関連の動き	醸造関係の動き	県内・日本・世界の動き
一九八五　昭和六十	新潟清酒アカデミー開講（〜二〇〇一年）	石綿問題 コンピューターを用いた精米 清酒製造業者にリキュール免許の公布	新県庁舎完成。地上十八階 関越自動車道長岡〜東京練馬間全線開通 日航ジャンボ機墜落 つくば科学万博 ゴルバチョフ、ソ連共産党書記長に就任
一九八六　昭和六十一	新潟県酒造従業員組合連合会二十周年記念式典	国産果実酒の表示に関する基準（自主基準） 焼酎乙類の表示に関する公正競争規約が実施	チェルノブイリ原子力発電所で大事故
一九八七　昭和六十二	新潟清酒学校同窓会結成	清酒業界、他用途利用米制度導入 日本醸造学会設立 十一月一日を本格焼酎と泡盛の日と制定	国鉄分割民営化
一九八八　昭和六十三	新潟清酒伸びる。清酒出荷量全国第三位に	消費税法の公布・施行	北陸自動車道が全通

西暦　和暦	新潟清酒関連の動き	醸造関係の動き	県内・日本・世界の動き
一九八九　昭和六十四 平成元	新潟・食と緑の博覧会に出展参加 「かおりの酒」研究開発着手へ	酒税法の大幅改正 清酒の製法品質表示基準 従価税制度及び清酒の特級廃止 酒類の種類間の税率の見直し等 未成年者の飲酒防止に関する表示基準 酒類販売免許の需給調整用件に人口基準を採用 租税特別措置法の一部改正 清酒等に係る税率の特例の廃止 合成清酒の原材料表示について（自主基準） 液化仕込み実用化 従価税・級別廃止（清酒は一九九二年から）	昭和天皇崩御 日経平均株価、大納会で最高値 消費税の実施（三％）
一九九〇　平成二	自主流通米「価格形成機構」による入札取引開始	清酒の製法品質表示基準の創設	東西ドイツ統一
一九九一　平成三	醸造用玄米（酒造好適米）の検査等級の改正、一～三等が特上・特等・一等へ	本格焼酎製造技術発行 再生資源の利用の促進に関する法律（リサイクル法）公布 日本酒造組合中央会がRビン（五〇〇ミリリットル）を採用決定	上越・東北新幹線東京駅乗り入れ ソ連解体 長崎県雲仙岳大噴火 湾岸戦争
一九九二　平成四	新潟清酒研究会二十周年記念式典	清酒の級別完全廃止 清酒業界、五〇〇ミリリットルのRビンを導入 特定名称酒誕生	平山征夫、新潟県知事に当選

西暦　和暦	新潟清酒関連の動き	醸造関係の動き	県内・日本・世界の動き
一九九三　平成五	冷害、大凶作でコメの緊急輸入 県酒造組合「酒造の自然環境の保全について」を決議 酒造好適米「一本〆」登場、県の奨励品種に	焼酎、ウイスキー類、スピリッツ類及びリキュール類でアルコール十三度未満のものは、含有アルコール量に比例して減算した税率を適用	長岡市に県立近代美術館完成 新潟市役所跡地に「ＮＥＸＴ21」が完工 田中角栄元首相死去 屋久島など世界遺産に登録
一九九四　平成六	総会で新潟県酒造会館の建設決議	酒類の製造容器の検定制度を申告制度に改正 地理的表示に関する表示基準 みりん、ウイスキー類を除く酒類の増税 発泡性を有する酒類に加算税率を廃止 地ビール解禁（製造免許基準六〇キロリットル以上に） 発泡酒発売	衆院の小選挙区割り法案で県内は六選挙区へ 大江健三郎ノーベル文学賞受賞
一九九五　平成七	新潟県酒造会館新築完成	新食糧法施行 ＰＬ法（製造物責任法）施行 容器包装に係る分別収集及び再商品化の促進等に関する法律	阪神・淡路大震災 地下鉄サリン事件

西暦　和暦	新潟清酒関連の動き	醸造関係の動き	県内・日本・世界の動き
一九九六　平成八	新潟県の清酒出荷量八万〇三七一キロリットルに 他用途利用米制度から加工用米制度へ	発泡酒の税率適用区分の見直し 麦芽使用比率を六七%以上から五〇%以上に 麦芽使用比率を二五%未満の適用税率を八三・三千円／キロリットルから一〇五千円／キロリットルに引き上げ	巻町で原発建設の是非を問う住民投票。反対六一%
一九九七　平成九	新潟清酒産地呼称協会設立	ウイスキー類及びスピリッツ類の減税、焼酎及びリキュール類の増税 改訂灘の酒用語集発行 WTO勧告により蒸留酒の税率格差の是正	「ほくほく線」開通 情報発信基地「新潟館ネスパス」が東京・表参道にオープン 磐越自動車道全通 消費税率五%に引き上げ
一九九八　平成十	新潟清酒産地呼称制度スタート（五五社） 「新潟館ネスパス」イベント（〜二〇〇二年）	酒類の広告・宣伝に関する自主基準 焼酎の増税及びウイスキー類の減税 公正な競争による健全な酒類産業の発展のための指針 酒類販売免許等取扱要領の改正	第十八回冬季オリンピック長野大会
一九九九　平成十一	新潟県酒造組合ホームページ開設 原料米ツナギ資金制度廃止 偽ラベルの「越乃寒梅」が神奈川県内で大量販売	合成清酒、焼酎甲類、かすとり以外の焼酎乙類、みりん及び原料用アルコールについては免許付与基準を緩和 醸造物の成分発行	欧州単一通貨ユーロ、スタート 佐渡市で人工繁殖による初めてのトキが誕生 新潟中央銀行が破たん処理へ

西暦　和暦	新潟清酒関連の動き	醸造関係の動き	県内・日本・世界の動き
二〇〇〇　平成十二	新潟県醸造試験場創立七十周年記念式典 容器包装リサイクル法施行 中小企業経営革新支援法の業種指定	焼酎乙類増税 酒類における有機等の表示基準 低アルコール度リキュール類等の酒マークの表示等に関する自主基準 未成年者飲酒禁酒法改正	小学四年の時に行方不明になった三条市の女性が柏崎市で保護。九年二カ月ぶり 介護保険制度スタート ストーカー規制法成立 二千円札発行
二〇〇一　平成十三	「たかね錦」の種子生産を新潟で始める 国税庁醸造研究所が独立行政法人化、酒類総合研究所に		新潟市と黒埼町が合併 新潟スタジアム（ビッグスワン）完成 千葉で日本初の「狂牛病」 国の省庁再編で大蔵省が財務省に アメリカで同時多発テロ
二〇〇二　平成十四	「新潟淡麗宣言」採択、新しい新潟清酒の創造と進化を目指す 新潟清酒研究会三十周年記念式典	酒類業界三〇〇ミリリットルのRビンを導入 低アルコール度リキュール類の特定の事項の表示に関する自主基準	日韓共催「第十七回ワールドカップサッカー大会」（W杯）ソウルで開幕 小泉首相、金正日総書記と初の首脳会談。拉致被害者五人の生存確認
二〇〇三　平成十五	新潟清酒学校二十周年記念式典 酒類業組合法施行五十年	税制改正大綱発表、酒類間格差縮小へ 租税特別措置法八七条の適用期限を五年延長	イラク戦争 新潟コンベンションセンター・朱鷺メッセオープン

西暦　和暦	新潟清酒関連の動き	醸造関係の動き	県内・日本・世界の動き
二〇〇四　平成十六	第一回「にいがた酒の陣」開催 平山征夫新潟県知事が新しくできた酒米を「越淡麗」と命名	構造改革特別区域法　特定農業者による濁酒の製造事業の特例 泡盛の品質表示に関する自主基準	七・一三水害 新潟県中越地震 泉田裕彦、新潟県知事に当選
二〇〇五　平成十七	中越大震災の記録「被災・復旧・そして未来へ」発行		新潟大停電
二〇〇六　平成十八	「越淡麗」本格栽培開始		
二〇〇七　平成十九	「新潟清酒」商標登録 新潟清酒学校が新潟日報文化賞を受賞		新潟県中越沖地震
二〇〇八　平成二十	第一回「新潟清酒達人検定試験」実施 スペイン・バルセロナで新潟清酒の試飲会実施　好評を博す	県外の業界で事故米騒動	佐渡市で十羽のトキ第一次放鳥
二〇〇九　平成二十一	新潟清酒達人検定公式テキスト英語版「The Niigata Sake Book」刊行 越淡麗開発グループが新潟日報文化賞受賞		「第六十四回トキめき新潟国体」開催される 新型インフルエンザ世界中で大流行

西暦　和暦	新潟清酒関連の動き	醸造関係の動き	県内・日本・世界の動き
二〇一〇　平成二十二	「新潟酒造技術研究会」設立 新潟県醸造試験場創立八十周年記念式典 ソウルで新潟清酒セミナー開催	米トレーサビリティ法一部施行される	口蹄疫が宮崎県で発生
二〇一一　平成二十三	第八回「にいがた酒の陣」中止 第四回「新潟清酒達人検定試験」中止 ロンドンで新潟清酒セミナー開催	米トレーサビリティ法施行	東日本大震災 福島第一原発放射能漏れ 新潟・福島豪雨
二〇一二　平成二十四	「にいがた酒の陣」来場者十万人を超える シンガポールにおいて、「ミニ酒の陣」を開催 新潟清酒研究会四十周年記念式典 シンガポールでOishii Japan 二〇一二に出展		ロンドンオリンピック開催
二〇一三　平成二十五	新潟県酒造組合設立六十周年 「にいがた酒の陣」十周年 新潟清酒学校創立三十周年記念式典 新潟県醸造試験場「地域づくり総務大臣表彰」受賞 香港ワイン&スピリッツフェアに出展		新潟日報新社屋メディアシップオープン プレディスティネーションキャンペーン始まる

西暦 和暦	新潟清酒関連の動き	醸造関係の動き	県内・日本・世界の動き
二〇一四 平成二十六	香港にて新潟県酒造組合独自で商談会・ミニ酒の陣・日本酒セミナー等開催	酒米の枠外生産始まる	第二十二回冬季五輪ソチ大会開幕 消費税率が八％に上がった 御嶽山が七年ぶりに噴火し、五十七名が犠牲となった
二〇一五 平成二十七	「酒の国にいがたの日」を制定し、記念イベントを開催 酒造組合執行部他、需要振興委員等でボルドーを視察 香港において商談会・ミニ酒の陣SAKE NIGHT開催	食品表示法改正	北陸新幹線開業 マイナンバーの通知開始 パリ同時多発テロ事件発生
二〇一六 平成二十八	酒米「越淡麗」本格栽培十周年記念式典開催		第三十一回夏季五輪リオデジャネイロ大会開幕 熊本で震度7の地震発生 改正公職選挙法が施行され、初めての参院選 糸魚川大火 米山新潟県知事就任

西暦　和暦	新潟清酒関連の動き	醸造関係の動き	県内・日本・世界の動き
二〇一七　平成二十九	新潟県酒造組合・新潟大学・新潟県の三者により「日本酒学」連携協定締結 香港で商談会・ミニ酒の陣開催 牡蠣と新潟清酒のマリアージュを実施	酒類・ビールの税率改正 日本酒造組合中央会が新社屋に移転する	中学生プロ棋士の藤井聡太が二十九連勝 ワールド・ベースボール・クラシックWBC開幕 九州北部豪雨 皇室会議で今上天皇の譲位日程決定
二〇一八　平成三十	「にいがた酒の陣」来場者十四万人を超える 新潟大学日本酒学センター設立 ボルドー大学訪問 新潟県醸造試験場研修棟完成	税制改正大綱発表 生産数量目標の撤廃（減反廃止）	第二十三回冬季五輪平昌大会開幕 サッカーW杯ロシア大会開幕 花角新潟県知事就任 大阪北部地震 西日本豪雨 北海道胆振東部地震
二〇一九　平成三十一 令和元	東京駅で「にいがた酒の陣」のプレイベントを開催 香港の治安情勢悪化により、香港で開催予定のイベント中止		元号が令和になる ラグビーワールドカップ開幕 踵腓税増額（八％から十％に） 軽減税率（八％）導入

資料編

●数字で見る新潟清酒
●新潟清酒　業界用語集
●酒蔵見学のできる蔵元リスト

■平成29年 都道府県別清酒出荷量ベスト10

単位：Kℓ

1	兵庫県	140,298	6	秋田県	20,219
2	京都府	98,559	7	愛知県	15,567
3	新潟県	42,636	8	福島県	13,223
4	埼玉県	21,153	9	長野県	10,948
5	千葉県	20,925	10	広島県	10,818
				全　国	527,561

※新潟県酒造組合「数字でみる新潟県の清酒」全国の清酒の出荷状況の推移（１月－12月）より

■新潟県と全国の清酒出荷量の推移

〈新潟県〉

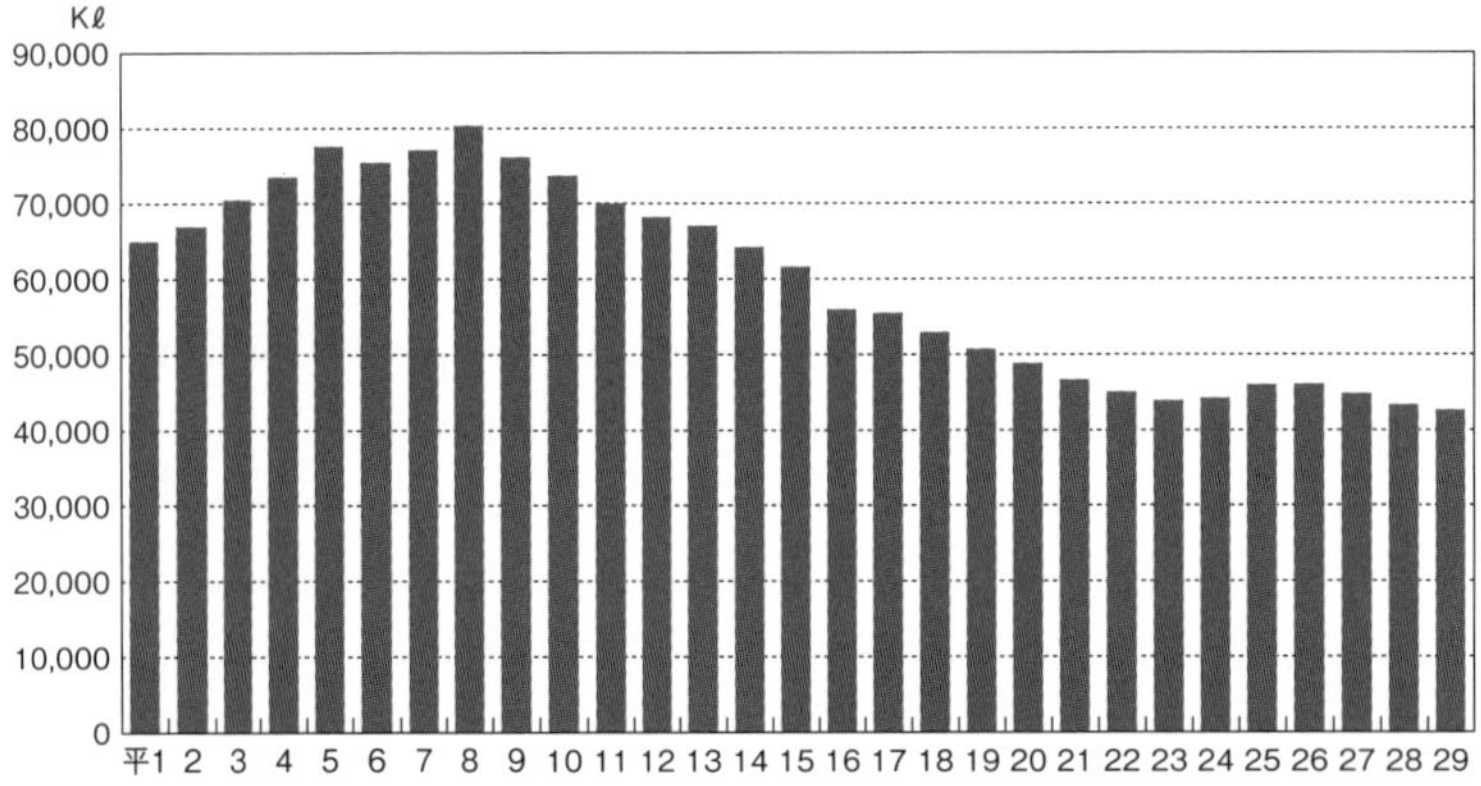

※新潟県酒造組合「数字でみる新潟県の清酒」新潟清酒の出荷状況の推移（１月－12月）より

〈全　国〉

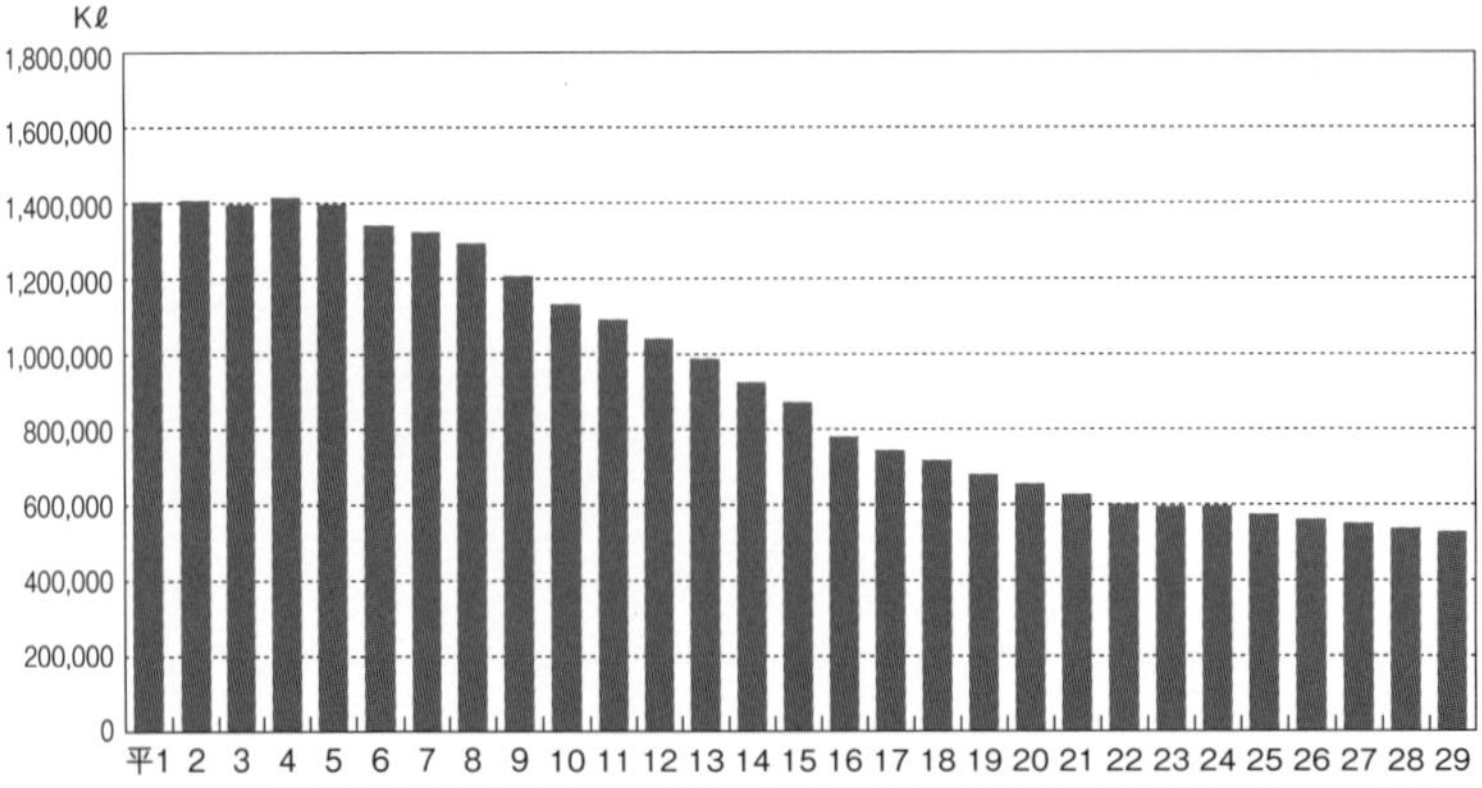

※新潟県酒造組合「数字でみる新潟県の清酒」新潟清酒の出荷状況の推移（１月－12月）より

■平成8年の出荷量を100とした場合の伸び率（1月−12月）

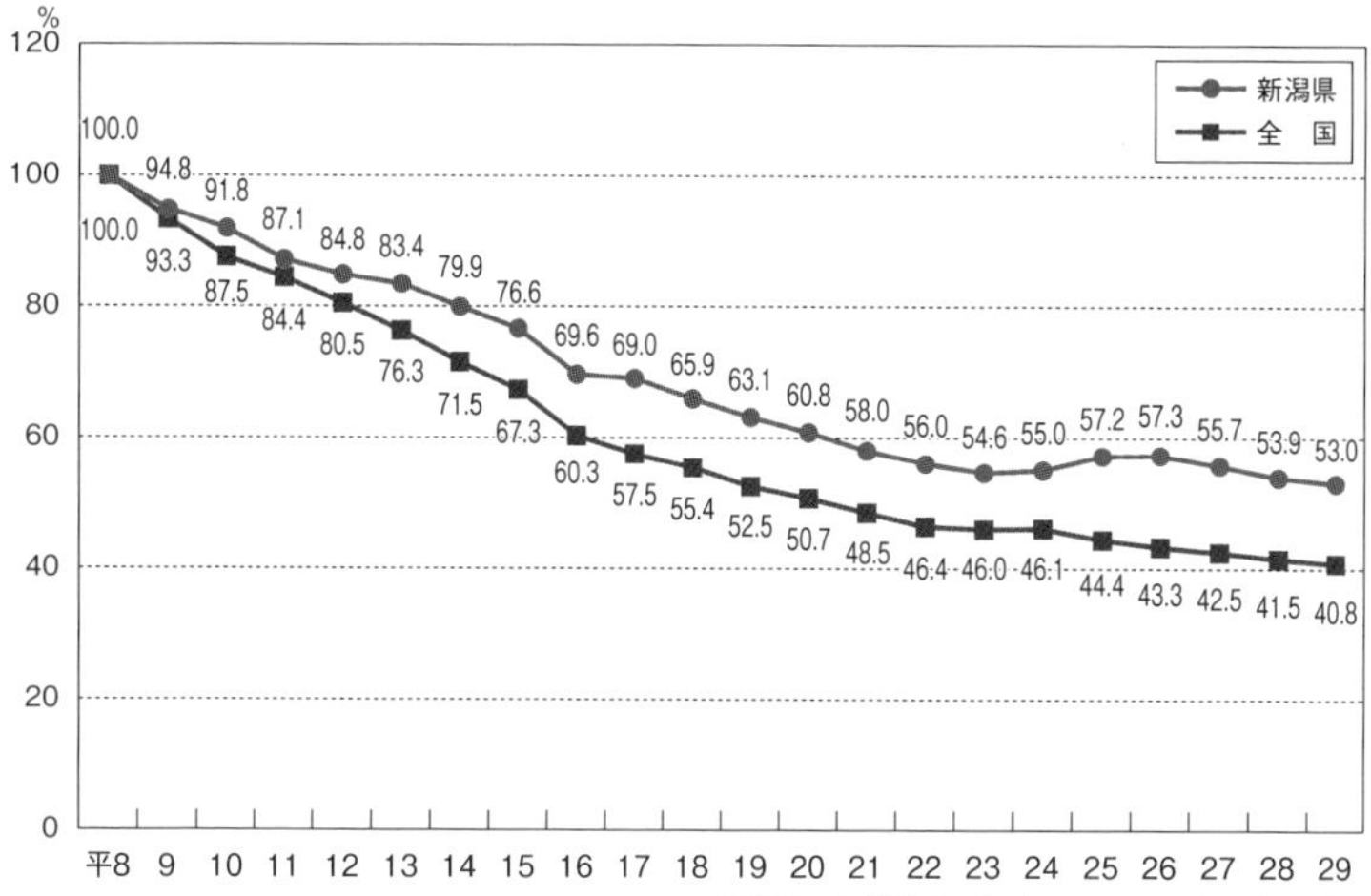

※新潟県の出荷数量が最多であった平成８年を基準

■平成28年度 酒類別販売（消費）数量

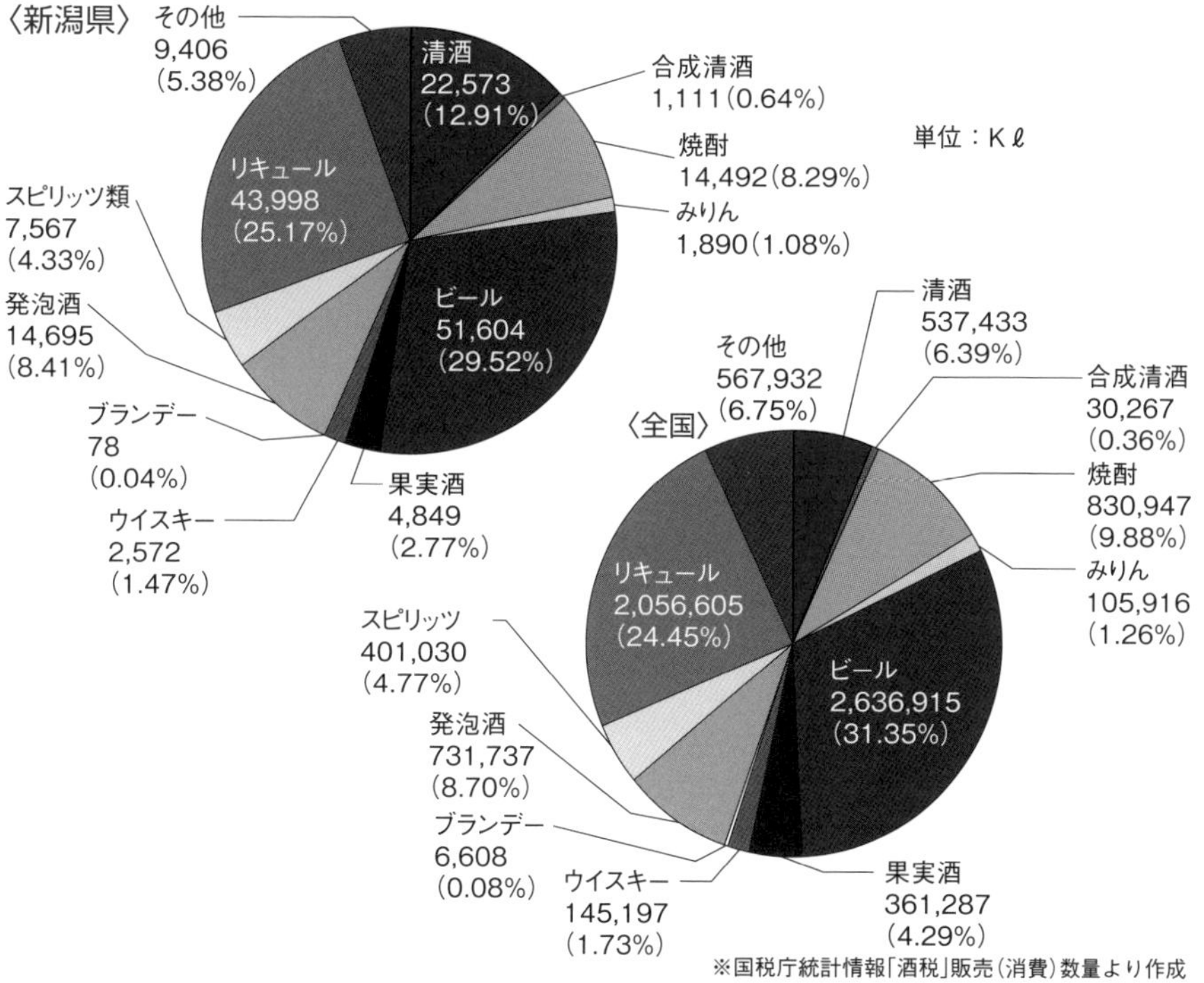

※国税庁統計情報「酒税」販売（消費）数量より作成

■平成28年度 都道府県別清酒販売（消費）数量ベスト10

単位：Kℓ

1	東京都	67,036	6	新潟県	22,573
2	大阪府	33,480	7	兵庫県	22,279
3	神奈川県	31,383	8	千葉県	22,086
4	埼玉県	25,506	9	北海道	21,842
5	愛知県	23,207	10	福岡県	19,006

※国税庁統計情報「酒税」販売（消費）数量より

■平成28年度 成人一人当たりの清酒販売（消費）量ベスト10

単位：ℓ

1	新潟県	11.8	5	富山県	7.5
2	秋田県	9.0	5	石川県	7.5
3	山形県	7.9	8	島根県	7.3
3	福島県	7.9	9	福井県	6.9
5	長野県	7.5	10	鳥取県	6.7

※国税庁「酒のしおり」平成20年度成人一人当たりの酒類販売（消費）数量等表（都道府県別）より

■平成30年6月現在 都道府県別清酒製造場ベスト10

1	新潟県	89
2	長野県	80
3	兵庫県	71
4	福島県	63
5	福岡県	60
6	山形県	53
7	広島県	47
8	岐阜県	46
9	茨城県	45
10	京都府	43

※日本酒造組合中央会議決件数より

■上位3県の企業数の推移（清酒のみ）

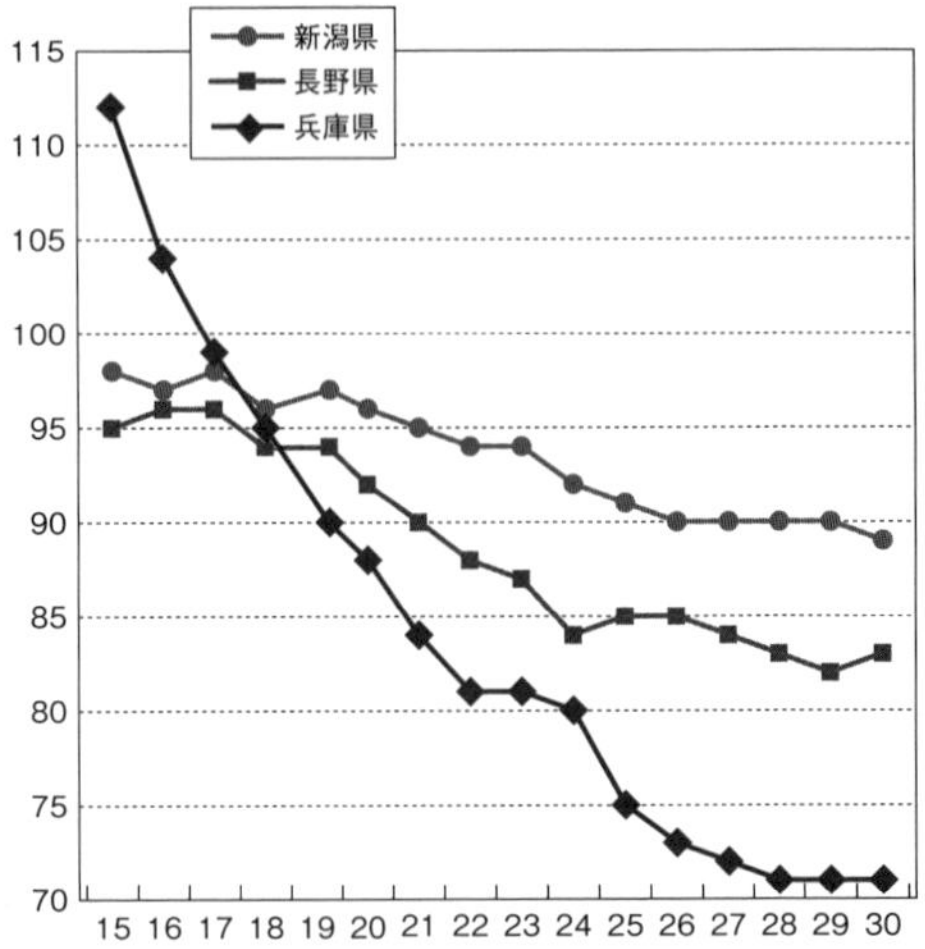

※日本酒造組合中央会議決件数より
（各県酒造組合加盟 清酒製造業者数）

■「越後杜氏」の人数の推移

※平成 20 年まで新潟県酒造従業員組合連合会の加入者
平成 22 年から新潟酒造技術研究会の加入者

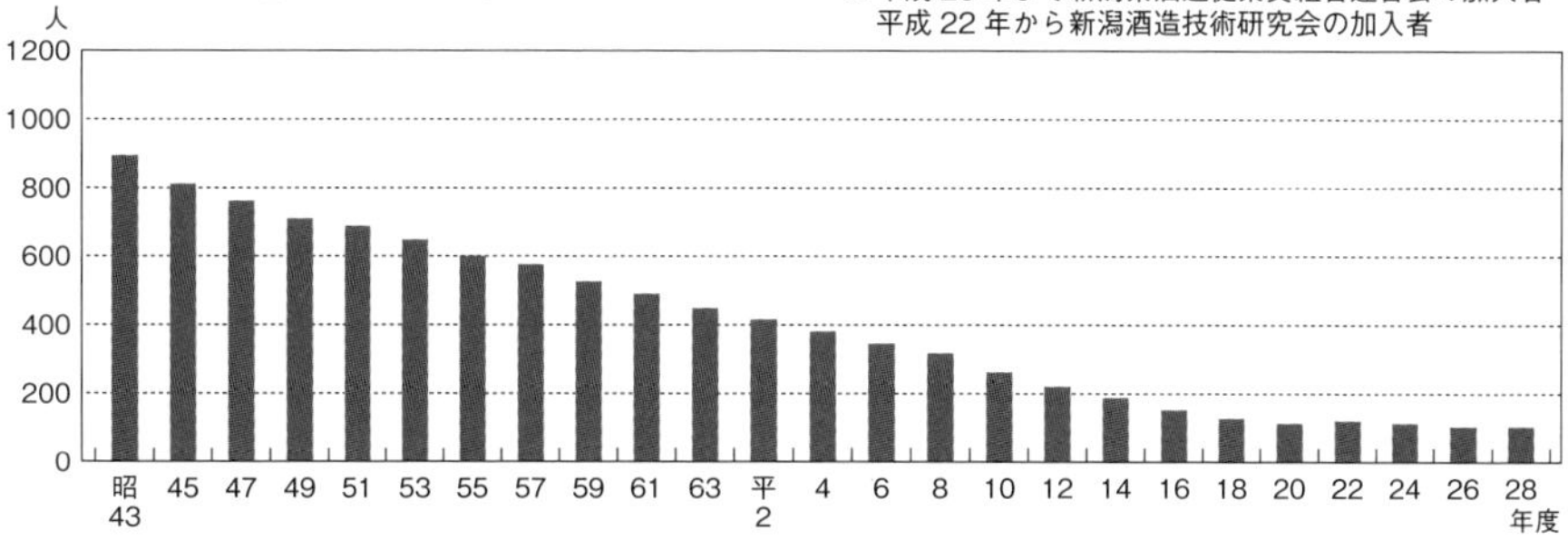

■新潟県内の主な出身地の杜氏数

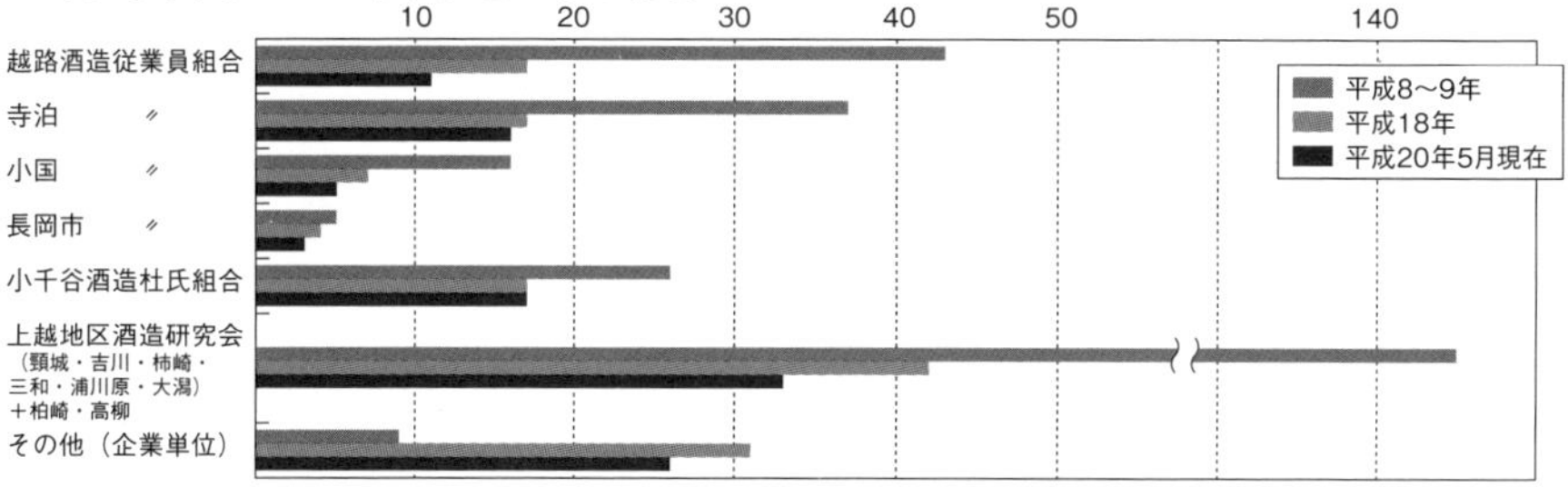

※新潟県酒造従業員組合連合会の加入者数より

■新潟県の特定名称酒の出荷状況の推移

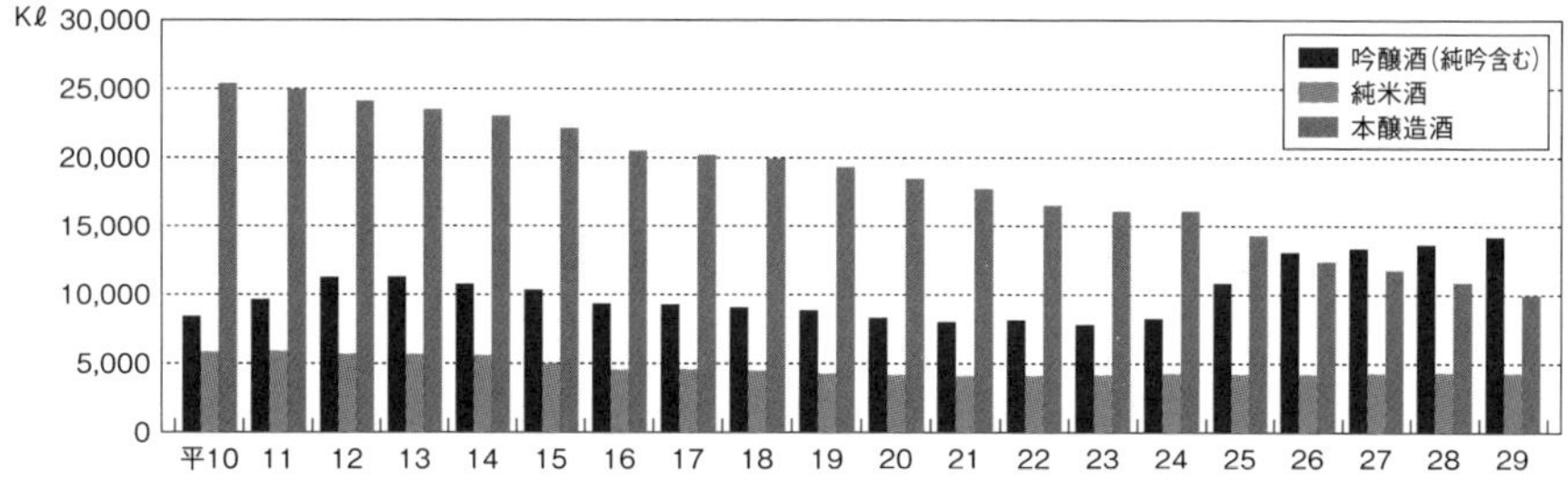

※新潟県酒造組合「数字でみる新潟県の清酒」特定名称酒の出荷状況の推移より

■総出荷数量のうち特定名称酒の占める割合

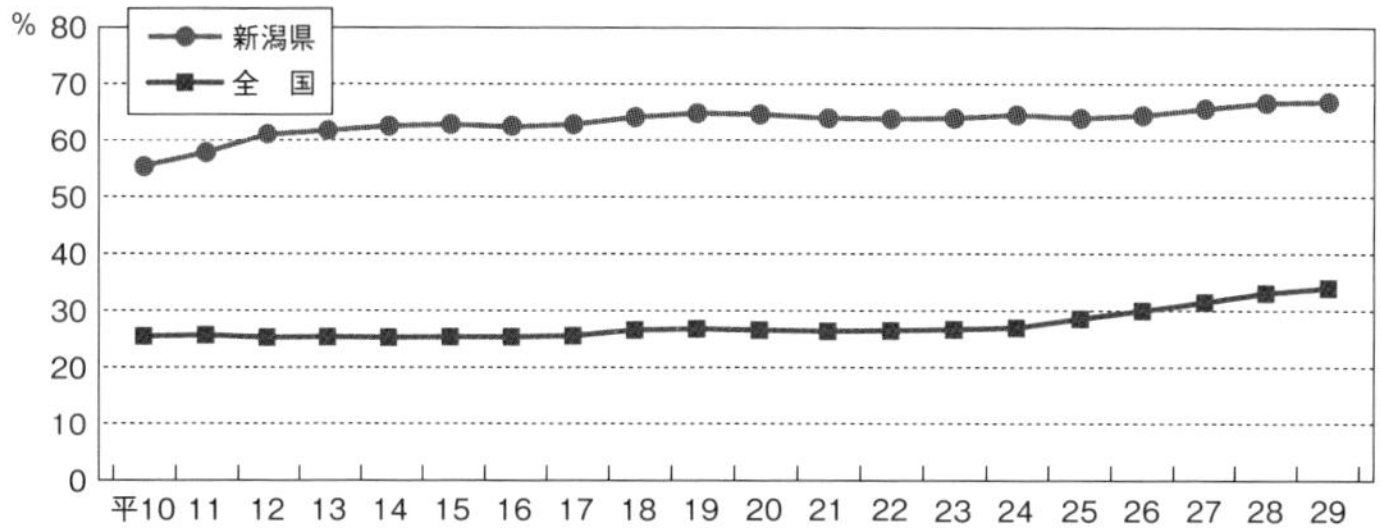

※新潟県酒造組合「数字でみる新潟県の清酒」総出荷数量のうち特定名称酒の占める割合より

■平均精米歩合の推移

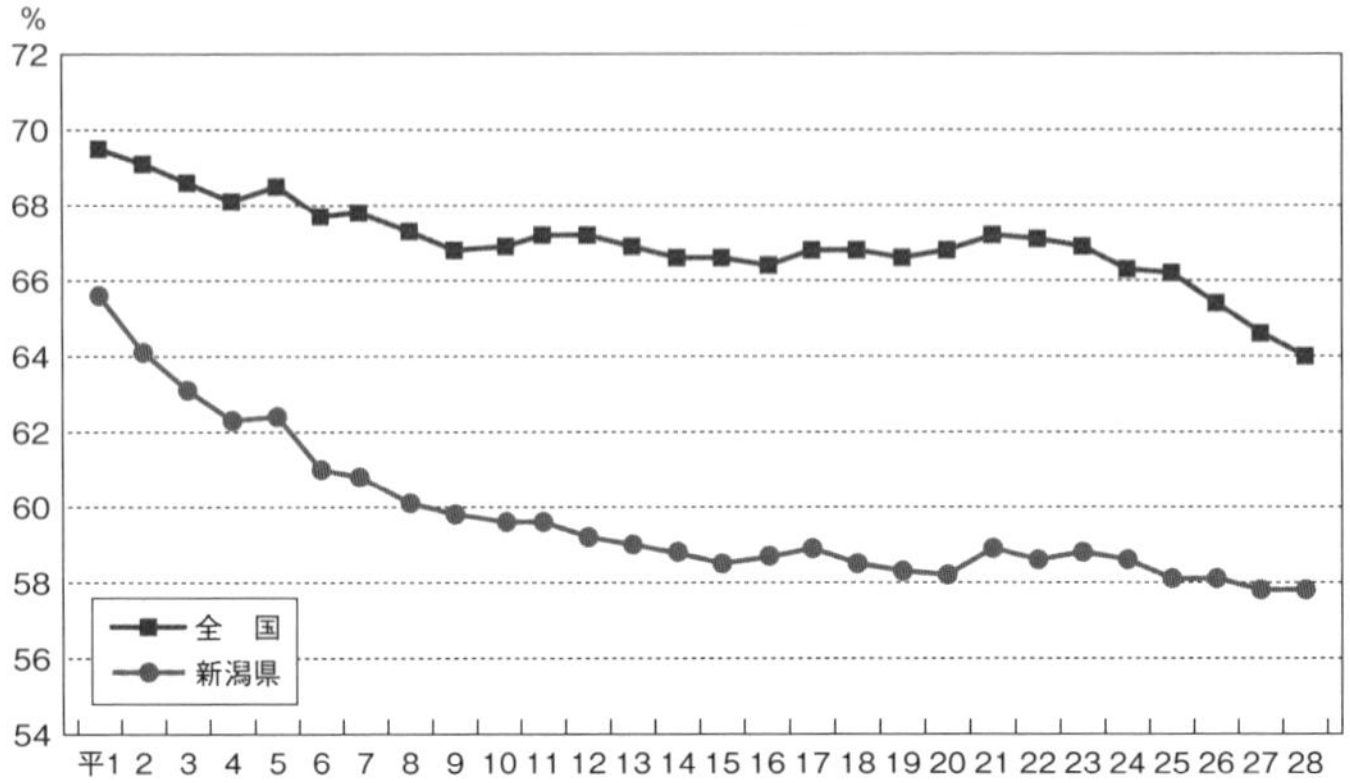

※新潟県酒造組合「酒事典」、関東信越国税局鑑定官室「酒造概況」より

■平成29年産全国の醸造用玄米検査数量

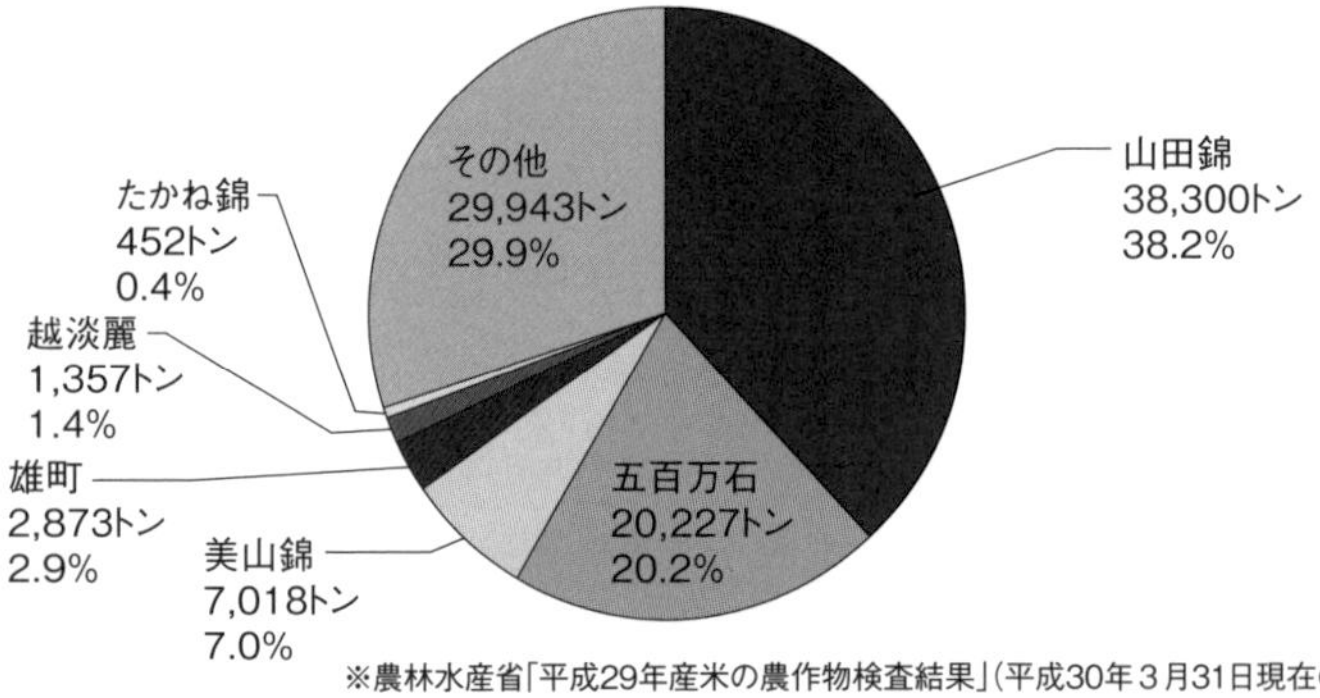

※農林水産省「平成29年産米の農作物検査結果」(平成30年3月31日現在の速報値)より作成

■「越淡麗」の栽培面積の推移

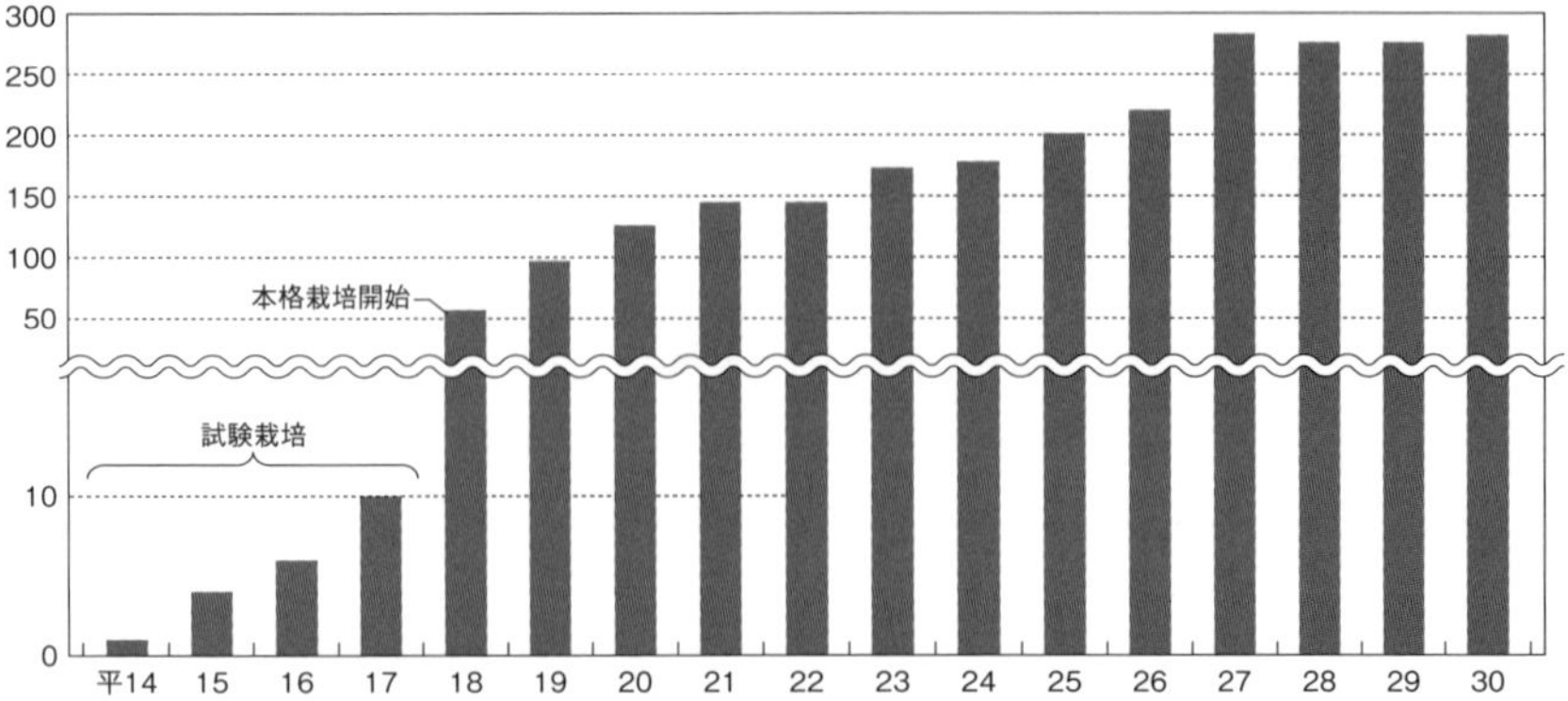

※新潟県酒造組合・新潟県醸造試験場 計画面積

新潟清酒 業界用語集

	よみがな	意　味
あご固め	あごがため	酒造り期の始まりに当たって、蔵人《くらびと》（→解説：くらびと）たちが初顔合わせに催す宴席。新潟では主に下越地方で使用。
あご別れ	あごわかれ	酒造りが終わって蔵人（→解説：くらびと）が解散するときに催す宴席。
荒息をぬく	あらいきをぬく	甑（→解説：こしき）から取り出した蒸米《むしまい》を湯気が立ち上らない温度まで冷やすこと。
洗いつけ	あらいつけ	その酒造期最初の洗米。
荒ばしり	あらばしり	醪《もろみ》を搾って最初に出てくる清酒。加圧しない状態でかめ口（→解説：かめぐち）に出てくる清酒。
アル添	あるてん	醪にアルコールを添加すること。
泡面	あわづら	醪の状貌《じょうぼう》（→解説：じょうぼう）のこと。
行火	あんか	酒母製造において、品温の上昇を促すためにタンクの下に置く熱源のこと。
板粕	いたかす	上槽《じょうそう》（→解説：じょうそう）後、酒袋または圧搾機から取り出した白い板状の粕《かす》。新鮮な芳香があり、甘酒・粕汁・白あえなど主に粕をそのまま食する料理に使われる。
岩泡	いわあわ	醪の泡の状態の一つ。高泡《たかあわ》（→解説：たかあわ）になる一歩前でごつごつした感じの泡。
追水	おいみず	三段仕込みが終わってから、醪の醗酵《はっこう》調整のために追加する水。「水四段《みずよだん》」ともいう。

	よみがな	意　味
落ち泡	おちあわ	高泡（→解説：たかあわ）となった後、さらに醗酵が進んで泡が消え始めた状態。
踊り	おどり	初添の次の日に１日仕込みを休んで酵母《こうぼ》の増殖を促す操作。
親桶	おやおけ	仲、留め仕込みを行う醪の容器。添え仕込みに使う小さな別容器（添桶→解説：そえおけ）に対する用語。添桶は使わず、最初から親桶で仕込む場合もある。
皆造	かいぞう	その酒造期のすべての醪の上槽（→解説：じょうそう）を終わり、酒造りを終えること。
櫂突き	かいつき	櫂棒（→解説：かいぼう）で醪を撹拌すること。特に醪は炭酸ガスを発生し、半固形物で対流しないため、仕込み・醗酵管理などで櫂突きを行う。「櫂入れ」ともいう。
櫂棒	かいぼう	醪を撹拌《かくはん》するための道具。長い棒の先に板を取り付けたもの。いろいろな種類、長さがある。「櫂玉《かいだま》」ともいう。
櫂まわり	かいまわり	醗酵管理のために仕込んであるタンクを順に櫂突き（→解説：かいつき）をしながら回ること。新しい醪から古い醪へと回る。
頭	かしら	杜氏《とうじ》（→解説：とうじ）補佐・副杜氏のこと。
粕が抜ける	かすがぬける	醪が溶けて粕の割合が少なくなること。
釜場	かまば	洗米、浸漬《しんせき》、蒸籠を行う場所。
釜屋	かまや	洗米、浸漬、蒸籠作業の責任者。
かめ口	かめぐち	搾った清酒が槽《ふね》（→解説：ふね）から出てくる口。「ふなぐち」「銚子口《ちょうしぐち》」ともいう。

	よみがな	意　味
清める	きよめる	タンク、桶《おけ》などをすぐに使用できる状態にすること。洗浄、殺菌、呑《のみ》（→解説:のみ）の取り付けなどを含む。
切れる	きれる	酵母が糖分を消費してアルコールを生成すると、醪の比重が減少する。これを「切れる」という。比重は日本酒度（メータともいう）で表すので、「メータが切れる」などと表現し、醗酵状態の目安になる。醗酵の旺盛な酵母を「切れの良い酵母」ということもある。
沓石	くついし	タンクの下に敷く石、またはコンクリートブロック。通常高さ30～40センチ。
汲水	くみみず	仕込みに使用する水。
蔵	くら	酒蔵。酒造場全体を指すこともある。
蔵人	くらびと	酒造りに従事する人の総称。
蔵元	くらもと	酒造場のオーナー、経営者。
検蒸	けんじょう	蒸米の出来を杜氏に見てもらうこと。
検定	けんてい	醪を搾った後、使用した原料、その数量、出来た酒の数量、アルコール度数などを確定する作業。
合	ごう	酒造場で使われる尺貫法の容量の単位。1合はおよそ180ミリリットル。
麹箱	こうじばこ	箱麹法製麹《せいきく》で盛り以降の作業を行う木製の容器。麹蓋より大きく、白米10～20キログラムを盛り込む。「箱」ともいう。
麹歩合	こうじぶあい	一仕込みに使用する白米の重量に占める麹米の割合。

	よみがな	意　味
麹蓋	こうじぶた	蓋麹法で麹を盛り込む小型の木製容器。蒸米２キログラム程度を盛り込む。新潟では「へぎ」と呼ぶこともある。「蓋」ともいう。
麹室	こうじむろ	麹を製造する部屋。
麹屋	こうじや	製麹作業の責任者のこと。「麹主任」「代《だい》師《し》」ともいう。
石	こく	酒造場で使われる尺貫法の単位。１石はおよそ180リットル。
甑	こしき	米を蒸す容器。
酒袋	さかぶくろ	在来式の槽（→解説：ふね）で醪を搾る時に使う布製の袋。この中に醪を入れ、槽内に積み重ねて圧力をかけて搾る。木綿の他、ナイロンなどの化繊製もある。また、醪を入れた状態でつり下げ、酒がしたたり落ちることを利用する「袋とり」にも使われる。
さらし	さらし	蒸米を仕込み前に空気にさらす操作。蒸米を冷やしたり、でんぷんを老化させて溶けにくくする目的で行う。
地	じ	醗酵終期の醪の状貌。
仕込蔵	しこみぐら	酒を仕込むタンク（醸造タンク）のある場所。
仕込タンク	しこみたんく	醸造タンクのこと。「下桶《したおけ》」ともいう。
搾る	しぼる	醪を上槽（→解説:じょうそう）すること。または、使用後のホース中に残る水や湯などをホースの端からもう一方の端へ追い送りつつ排出する作業。「しきる」ともいう。
尺棒	しゃくぼう	タンクに入っている醪や酒などの容積を調べる際に使用するT字型のものさし。「とんぼ」ともいう。

	よみがな	意　味
蛇の目	じゃのめ	きき猪口《ちょこ》のこと。底に描かれた文様が蛇の目に見えることから。
尺をとる	しゃくをとる	尺棒（→解説：しゃくぼう）を用いてタンク内の醪や酒の容積を計測すること。酒造場のタンクはすべて容器検定を受け、上端からの寸法によって容量を計算できるようになっている。尺棒を用いてタンクの入身寸法を調べること。
酒造期	しゅぞうき	酒造りの期間。酒造場により違いがある。通常は冬期。
酒造年度	しゅぞうねんど	酒税法に定められた酒造りの年度。7月から翌年6月まで。ＢＹ（Brewery Year)で表す。たとえば平成20年7月1日以降に仕込んだ最初の醪は「H20BY　仕込み1号」となる。
酒母室	しゅぼしつ	酒母（酛《もと》）をつくる場所。「酛場《もとば》」ともいう。
酒母タンク	しゅぼたんく	酒母を仕込むタンク。「酛桶《もとおけ》」ともいう。
升	しょう	酒造で使われる尺貫法の容量の単位。1升はおよそ1.8リットル。
場	じょう	蔵の数を表す単位。
上槽	じょうそう	醪を搾ること。
上槽室	じょうそうしつ	上槽（→解説：じょうそう）を行う場所、槽（→解説：ふね）や圧搾機のある場所。「槽場《ふなば》」ともいう。
状貌	じょうぼう	醪や酒母、麹の表面を肉眼で見た際の状態をいう。
筋泡	すじあわ	醪の醗酵初期に見られる、醪表面の筋状の泡。

	よみがな	意　味
勺	せき	酒造場で使われる尺貫法の容量の単位。1勺はおよそ18ミリリットル。
責め	せめ	在来式の槽（→解説：ふね）で醪を搾る時は一度圧力をかけた後に酒袋（→解説：さかぶくろ）を積み替え（槽直し）、さらに高圧で搾る。この際に出てくる清酒をいう。自動圧搾機の場合は圧搾の後期に高圧がかかった時に出る酒をいう。
槽頭	せんどう	圧搾作業の責任者。「船頭《せんどう》」ともいう。
添桶	そえおけ	初添え仕込みに使用する小型の仕込み容器。仲、留め仕込みに使用する親桶（→解説：おやおけ）に対する用語。添えから親桶に仕込み、添桶は使用しないこともある。「枝桶《えだおけ》」ともいう。
高泡	たかあわ	醪の醗酵が旺盛となり泡が最も高く上がった状態。泡なし酵母は高泡にならない。
暖気入れ	だきいれ	酒母製造においてお湯を入れた容器を酒母に入れて、品温の上昇を促すこと。この容器を暖気樽という。
種切	たねきり	引き込んだ麹米を適切な温度と水分に調節し、種麹《たねこうじ》を振り掛けること。
ため	ため	汲水《くみみず》（→解説：くみみず）や酒の運搬用の容器。「ため桶、試桶《ためおけ》」ともいう。
貯蔵蔵	ちょぞうぐら	貯蔵タンクのある場所。「貯酒蔵《ちょしゅぐら》」ともいう。
造り	つくり	酒造りのこと。酒造期を表すこともあり、酒造場の酒造りの技術を表す場合もある。
造り仕舞	つくりじまい	その酒造期のすべての醪の上槽（→解説：じょうそう）を終わり、酒造りを終えること。

	よみがな	意　味
壷代	つぼだい	1,000リットル以下の小さなタンクのこと。
斗	と	酒造場で使われる尺貫法の容量の単位。１斗はおよそ18リットル。
杜氏	とうじ・とじ	蔵全体の管理者、統括責任者。
床	とこ	麹室（→解説：こうじむろ）で種切（→解説：たねきり）や床もみ（→解説：とこもみ）、切り返しなどを行う作業台。
床もみ	とこもみ	種切（→解説：たねきり）を行った麹米を撹拌して種麹となじませる操作。
斗ビン	とびん	１斗入るガラスのビン。大吟醸酒《だいぎんじょうしゅ》などの上槽（→解説：じょうそう）時に酒を受ける容器に使用するほか、貯蔵にも用いられる。
流し	ながし	道具の準備や洗物などする蔵人、新人、見習い。「追廻《おいまわし》」ともいう。
中垂れ	なかだれ	醪を搾る時に、荒ばしり（→解説：あらばしり）と責め（→解説：せめ）の中間に出てくる清酒をいう。
入蔵	にゅうぞう	杜氏（→解説:とうじ）をはじめ、蔵人（→解説：くらびと）が酒蔵に入ること。酒造期の始まりを指す。
呑	のみ	桶、タンクの下部に開けられた穴（呑口）にはめる栓のこと。ここからタンクの中身を取り出す。通常上下に二つあり、上を上呑《うわのみ》、下を下呑《したのみ》という。
呑み切り	のみきり	貯蔵酒の熟成度合いや劣化の有無を点検するため、貯蔵タンクから清酒を取り出して検査すること。梅雨明けに行うそのタンク最初の呑み切りを「初呑切《はつのみきり》」といい、指導機関や得意先を招いて行う場合もある。

	よみがな	意　　味
端桶	はおけ	貯蔵タンクが満量でなく、中途半端に酒が入った状態。
破精	はぜ	麹製造において、蒸米表面に麹菌が繁殖した部分のこと。蒸米表面にカビの菌糸が繁殖することを「破精がまわる」、蒸米内部に食い込むことを「破精込む」という。
半切	はんぎり	桶を半分に切った浅いタンク。生酛《きもと》の製造、洗米、ろ過など広い用途に用いられる。
半仕舞	はんじまい	仕込み計画において、醪を２日にタンク１本のペースで仕込むこと。
引き込み	ひきこみ	麹室（→解説：こうじむろ）に蒸米を運び入れること。
日仕舞	ひじまい	仕込み計画で醪を毎日タンク１本ずつ仕込むこと。
ひねり餅	ひねりもち	蒸米の良否を判断するため、出来たての熱い蒸米を素手でひねりつぶしたもの。硬さや弾力で蒸米の状態を判断する。
広敷	ひろしき	蔵人（→解説：くらびと）が食事、休憩するところ。蔵人の憩いの場。「居場《いば》」ともいう。
ビン燗	びんかん	酒の加熱殺菌法の一つ。ビンに詰めてから湯煎《ゆせん》し、終了後冷却する。香味の変化が少ないとされ、高級酒の火入れに用いられる。
蒸かし	ふかし	蒸米のこと。あるいは蒸饍作業のこと。「蒸し」ともいう。
膨れ	ふくれ	酒母製造において醗酵が始まり、発生した炭酸ガスにより醪表面がふくらみ、盛り上がってくる様子。酒母管理上大切なポイント。

	よみがな	意　味
槽	ふね	醪を搾る設備。酒袋（→解説：さかぶくろ）を使う従来の槽や機械化された全自動型などがある。
踏込み粕	ふみこみがす	板粕（→解説：いたかす）を数カ月から半年熟成させたもの。淡褐色のペースト状で板粕とは風味が異なり、粕漬けなどに使われる。「べた粕」「踏み粕」「練り粕」「押し粕」ともいう。
ぶんじ	ぶんじ	盛り前の麹米などを突き崩す道具。平らで細身のスコップ状。
室	むろ	麹室（→解説：こうじむろ）のこと。
めっこ	めっこ	蒸米が蒸し切れずに一部生米の状態で蒸し上がった状態。浸漬時の吸水不足が原因で起こる。
酛卸し	もとおろし	出来上がった酒母を初添えのタンクに移すこと。「酛下げ」ともいう。
酛立て	もとだて	酒母を仕込むこと。
酛屋	もとや	酒母作業の責任者。
ヤブタ	やぶた	薮田産業株式会社の醪自動圧搾機の別称。国内で同機のシェアが圧倒的に大きいため機械の名称として呼ばれることが多い。
湧く	わく	醪や酒母が醗酵すること。「醪が湧く」「醪の湧きが弱い」などと用いる。
分け	わけ	酒母の製造において酵母が十分に増殖した後、品温を下げる操作のこと。１本の酒母を数個に分けて品温を落としたことに由来する。

※新潟清酒業界用語集は、新潟清酒検定公式テキストブック編集委員会が新潟県内酒蔵で使われている酒造りに関する言葉を集めたものです。各地域または酒蔵によって異なる用語、用法があることをご承知おきください。

酒蔵見学のできる蔵元リスト

会社名	見学可能時期	受け入れ可能人数	予約の要否	連絡先
大洋酒造㈱	12/31～1/3を除く通年 9:00～12:00　13:00～16:00	20名	要予約	0254-53-3145
王紋酒造㈱	年末・年始を除く通年 9:00～16:00	40名	要予約	0254-22-2350
越後桜酒造㈱	通年(月曜定休)　10:00～16:30	40名	団体(10名以上)は要予約	0250-62-2033
金升酒造㈱	4月下旬～11月上旬の土・日・祝日 10:00～16:00　蔵カフェ営業日のみ	30名	予約不要(案内はつきません)	0254-22-3131
近藤酒造㈱	10月～3月まで	10名まで	要予約	0250-43-3187
麒麟山酒造㈱	毎年5月3日(祝日)　10:00～15:00 最終受付14:30	20名/回 30分毎に実施	要予約(公式HPにて告知)	0254-92-3511
下越酒造㈱	年末・年始を除く通年 8:30～16:30	40名	要予約	0254-92-3211
今代司酒造㈱	年末・年始を除く通年 9:00～17:00	40名	1～7名(予約不要)　9:00～16:00 8～40名(要予約)　9:30～15:30	025-245-0325
塩川酒造㈱	5月～8月の土曜日のみ 10:00～11:00　13:00～14:00	7名まで	要予約	025-262-2039
宝山酒造㈱	通年 9:00～11:30　13:00～16:30	80名	要予約	0256-82-2003
笹祝酒造㈱	時期不問　10:00～12:00 13:00～16:00	20名	要予約	0256-72-3982
尾畑酒造㈱	通年　8:00～17:00	80名	団体は要予約	0259-55-3171
逸見酒造㈱	4月下旬～9月下旬　9:00～16:00	10名前後	要予約	0259-55-2046
天領盃酒造㈱	9:00～17:00	40名	団体は要予約	0259-23-2111
㈱北雪酒造	年末・年始を除く通年 8:00～17:00	15名	要予約	0259-87-3105
柏露酒造㈱	通年　月曜～金曜(祝日除く) 10:00～15:00	10名まで	要予約	0258-22-2234
高橋酒造㈱	土・日・祝日　13:00～15:00	10名まで	要予約	0258-32-0181
吉乃川㈱	年末・年始を除く(休館日は不定休) 案内10:00～　13:30～　15:00～	30名まで	完全予約制	090-2724-9751
お福酒造㈱	年末・年始・土日祝祭日を除く通年	20名まで	要予約	0258-22-0086
朝日酒造㈱	20分コース　通年11:00～14:00 60分コース　10月～4月10:30　13:30	20分コース40名まで 60分コース15名まで	20分コース　10名以上は要予約 60分コース　要予約	0258-92-3181
池浦酒造㈱	営業日の9:00～16:00	20名まで	要予約	0258-74-3141
高の井酒造㈱	6月～8月(休日を除く) 9:00～12:00　13:00～15:00	30名まで	要予約	0258-83-3450

会社名	見学可能時期	受け入れ可能人数	予約の要否	連絡先
緑川酒造㈱	営業日のみ	少人数	要予約	025-792-2117
玉川酒造㈱	元日を除く通年　9:00〜16:00	120名まで	20名以上の団体は要予約	025-797-2777
八海醸造㈱	第二浩和蔵　毎週木曜10:30〜11:30 時期により変更有	8名	要予約	0800-800-3865
白瀧酒造㈱	平日　10:00〜　13:00〜	15名	要予約	025-784-3443
苗場酒造㈱	4月〜10月　9:00〜17:00	40名	8名以上は要予約	025-765-2011
魚沼酒造㈱	随時　9:00〜17:00	15名	要予約	025-752-3017
津南醸造㈱	4月〜11月（土・日除く） 9:00〜16:00	30名	団体は要予約	025-765-5252
原酒造㈱	通年　9:00〜17:00	何名でも可	要予約	0257-23-3831
石塚酒造㈱	4月〜11月　9:00〜17:00	15名まで	5人以上は要予約	0257-41-2004
㈱武蔵野酒造	通年　10:00〜15:00	15名まで	要予約	025-523-2169
田中酒造㈱	4月〜9月　10:00〜16:00	5名まで	要予約	025-546-2311
妙高酒造㈱	土・日・祝日を除く通年 9:00〜16:00	10名まで	要予約	025-522-2111
君の井酒造㈱	土・日・祝日を除く通年 8:30〜18:00	20名	要予約	0255-72-3136
千代の光酒造㈱	年末・年始を除く通年 10:00〜16:00	5名	要予約	0255-72-2814
鮎正宗酒造㈱	平日　9:00〜17:00	10名	要予約	0255-75-2231
㈾竹田酒造店	11月〜2月　10:00〜16:00	10名	要予約	025-534-2320
代々菊醸造㈱	年末・年始を除く通年 10:00〜16:00	6名	要予約	025-536-2469
上越酒造㈱	3月〜11月　9:00〜16:00	30名まで	要予約	025-528-4011
㈱よしかわ杜氏の郷	9:00〜17:00 自由見学（月曜定休日）	30名	案内が必要な方は要予約	025-548-2331
加賀の井酒造㈱	通年	30名	案内が必要な方は要予約	025-552-0047

※見学の際は、受け入れの条件などを事前にお問い合わせください。

■主要参考文献

「新潟県醸造試験場報告　創立70周年記念特別号」／新潟県醸造試験場／二〇〇〇年
「新潟県酒造史」／新潟県酒造組合／一九六一年
「酒造りの今昔と越後の酒男」／中村豊次郎／株式会社野島出版／一九八一年
「新潟清酒研究会設立十周年記念誌　10年のあゆみ」／新潟清酒研究会／一九八三年
「越後杜氏の足跡　連合会結成二〇周年記念誌」／新潟県酒造従業員組合連合会／一九八六年
「愛酒樂酔」／坂口謹一郎／株式会社ティービーエス・ブリタニカ／一九八六年
「清酒の製法品質表示基準　未成年者の飲酒防止に関する表示基準」／財団法人大蔵財務協会税のしるべ総局／一九九〇年
「プロサービスマンのための日本酒サービスと知識『日本酒マニュアル』」／日本酒サービス研究会／日本酒造組合中央会／一九九一年
「あすの新潟清酒の造り手を目指せ　清酒学校設立10周年記念誌」／新潟清酒教育協会立新潟清酒学校／一九九三年
「新潟清酒研究会設立20周年記念誌」／新潟清酒研究会／一九九四年
「増補改訂 最新酒造講本」／財団法人日本醸造協会／一九九六年
「改訂 灘の酒 用語集」／灘酒研究会／一九九七年
「酒事典」／新潟県酒造組合／財団法人ニューにいがた振興機構／一九九九年
「越後杜氏と酒蔵生活」／中村豊次郎／新潟日報事業社／一九九九年
「新潟清酒研究会設立30周年記念誌」／新潟清酒研究会／二〇〇二年
「新潟淡麗の創造へ　新潟県酒造組合小史」／新潟県酒造組合／二〇〇三年
「新潟淡麗」／新潟県酒造組合／二〇〇三年
「これからの新潟清酒を支える新潟清酒学校　新潟清酒教育協会立新潟清酒学校　創立20周年記念誌」／新潟清酒教育協会立新潟清酒学校／二〇〇三年
「新にいがた地酒王国」／新潟日報事業社／二〇〇三年
「日本酒ラベルの用語事典」／独立行政法人酒類総合研究所／二〇〇四年

「お酒のはなし　創刊号、10号」／独立行政法人酒類総合研究所／二〇〇二、二〇〇七年
「新潟もの知り地理ブック」／新潟もの知り地理ブック編集委員会／新潟日報事業社／二〇〇七年
「酒類総合研究所のあゆみ（一〇〇年の記録）」／独立行政法人酒類総合研究所

※この他に、自治体、組合・団体、施設、企業などで発行されている書籍、パンフレット、リーフレット、公式ホームページなどを参考にさせていただきました。

■編集協力（敬称略）※順不同

新潟県醸造試験場
根立寺
財団法人日本醸造協会
新星会
独立行政法人酒類総合研究所
新潟県酒造技術研究協議会
新潟県酒造組合
新潟県酒造従業員組合連合会
新潟県酒造杜氏研究会
新潟清酒学校
新潟清酒学校同窓会
新潟清酒研究会
新潟清酒産地呼称協会
日本酒造組合中央会
野堀正雄
平田大六
松尾神社（柏崎市）
松尾神社（長岡市）

■写真協力（敬称略）※順不同

新潟県醸造試験場
坂口記念館
坂口健二
新潟県写真家協会
新潟県酒造組合
新潟日報社
野堀正雄

製麴……54
清酒の製法品質表示基準……71
清酒の特徴……69
清酒の分類……69
精製……68
精白度……82
精米……47
精米歩合……82
全国新酒鑑評会……121
洗米……50
速醸系酒母……58
そば……107

た

たかね錦……42
暖気樽……64
ため（試桶）……63
淡麗……29
地域商標「新潟清酒」……122
長期貯蔵酒……76
貯蔵……67
低温長期醗酵……24
出麴……57
特定名称酒……71
床もみ……55
濁酒（どぶろく）……94

な

仲仕事……57
生酒……93
生貯蔵……93
生詰……93
軟水……80
ナンバンエビ……108
新潟県酒造技術研究協議会……37
新潟県酒造従業員組合連合会……38
新潟県酒造杜氏研究会……38
新潟県醸造試験場……33
にいがた酒の陣……122
新潟酒造技術研究会……35
新潟清酒学校……34
新潟清酒学校同窓会……38
新潟清酒研究会……35
新潟清酒産地呼称協会……38
新潟清酒の酵母……59
新潟清酒の歴史……126
にごり酒……94
日本酒度……91
任意記載事項の表示……74
のっぺ……108
呑み切り……67

は

醗酵管理……61
半切り……64
火入れ……66
引き込み……55
表示禁止事項……75
ビン詰め……68
ブレンド（調合）……68
並行複醗酵……60
ほうろうタンク……62
保存方法……101
本醸造酒……73

ま

水……26
もやし……85
盛り……56
醪……60

や

和らぎ水……100
雪……24
吉川高校……118

ら

ろ過……66

索　引

※本文中から小項目として取り上げているものを中心に五十音順に掲載しました。

あ

あかい酒……54
アミノ酸度……92
アルコール添加……61
アルコール度数……89
泡消機……63
泡汁……103
一本〆……42
飲酒温度……99
枝豆……105
越後杜氏……28
越後杜氏の四大出身地……31
踊り……61
滓酒……94
滓引き……65
温度による粋な表現……99

か

開放醗酵……60
寒造り……111
生一本……97
きき酒……75
きき酒用語……76
きき猪口……77
気候……24
記載事項の表示……74
貴醸酒……96
生酛系酒母……59
郷土の味覚……105
切り返し……56
吟醸香……88
吟醸酒……72
吟醸米の浸漬……51
蔵人……112
限定吸水……51
原料処理……47
原料米……40
麹……53
麹菌……53
硬水……80
越淡麗……41
五百万石……40
米……25
米トレーサビリティ法……75
米の構造……43
米の成分……44
米の品種改良……81

さ

坂口記念館……37
坂口謹一郎……36
酒造り唄……30
酒の香味……86
サケの酒びたし……107
ささら……64
サニテーション（衛生）……102
酸度……92
仕舞仕事……57
酒飲礼儀……119
熟成……67
酒税法……69
酒造技能士……70
酒蔵見学……162
酒造工程の流れ……47
酒造好適米……40
酒造図絵馬……115
酒母……57
酒類の税金……71
純米酒……73
蒸籠（じょうきょう）……51
上槽……65
醸造用水……45
醸造用水の成分……46
浸漬……50
杉玉……109

本書は新潟清酒達人検定の公式テキストブックとして、新潟清酒の魅力をお伝えすることを目的に、新潟清酒を造り出す環境と新潟県の清酒醸造業界に関する情報を収載しました。本書が新潟清酒を楽しむ際の一助となれば幸いです。

制作に当たっては、関連の各団体の協力を得て、各種文献と取材などを基に編集していますが、掲載内容に関する情報またはお気付きの点などがありましたら、ご連絡いただきますようお願い申し上げます。

試験情報や本テキストブックを含む検定に関わる情報は、新潟清酒達人検定協会公式ホームページに随時掲載いたします。

新潟日報メディアネット
ＴＥＬ　０２５-３８３-８０２０
ＦＡＸ　０２５-３８３-８０２８
https://www.niigata-mn.co.jp

新潟清酒達人検定　過去問題（抜粋）

新潟清酒達人検定 過去問題（2018年3月実施から抜粋）

「銅の達人」（3級相当）

検定実施時と設問番号は異なります。

第1問 新潟清酒達人検定公式テキストブックにもなっている新潟日報メディアネット発行の書籍の正しい名称はどれでしょうか？

A 新潟清酒おたくブック　B 新潟清酒しりとりブック
C 新潟清酒ものしりブック　D 新潟清酒フェイスブック

第2問 新潟の冬の気候は酒造りに適しているといわれていますが、その理由として間違っているものはどれでしょうか？

A 厳寒期でも極端な低温にならない。
B 適度な低温が続く。
C 日中は晴天となり、夜間との温度差が大きい。
D 降雪量が多い。

第3問 降雪が多い新潟の酒造りに特徴的な醗酵様式を表す言葉はどれでしょうか？

A 検温長期醗酵　B 保温長期醗酵
C 室温長期醗酵　D 低温長期醗酵

第4問 次の酒造好適米のうち、新潟県で開発されたものでない品種はどれでしょうか？

A 五百万石　B 一本〆　C たかね錦　D 越淡麗

第5問 新潟の水は主に軟水であると言われます。軟水の特徴は次のどれでしょうか？

A ジェネラルが少ない　B フローラルが少ない
C ミネラルが少ない　D セントラルが少ない

第6問 関東や近県の出稼ぎで腕を磨き、明治初期には全国一の人数を誇った、新潟の酒男集団を何といったでしょうか？

A 越後杜氏　B 南部杜氏　C 山内杜氏　D 西国杜氏

第7問　新潟の気候、酒米、水質などの特質を十二分に引き出した酒のタイプはどれでしょうか？

A　濃醇　　B　淡麗　　C　芳醇　　D　淡泊

第8問　「酒造り唄」が仕事の中で果たす役割の大きさを表している言葉はどれでしょうか？

A　唄半給金　　B　唄出世　　C　唄高品質　　D　唄良酒醸

第9問　宮尾登美子の新潟県の酒蔵を舞台にした小説のタイトルは何でしょうか？

A　雪国　　B　蔵　　C　蔵人　　D　杜氏

第10問　酒造好適米に関する記述で正しいものはどれでしょうか？

A　酒造好適米は「酒米」とも呼ばれる。
B　玄米千粒重は飯米より軽い。
C　多くの酒造好適米の玄米千粒重は36グラムを超える。
D　酒造好適米は３種類の等級に格付けされている。

第11問　原料処理工程の記述で間違っているものはどれでしょうか？

A　「洗米」は精米したコメの表面に残った糠分を取り除くために行う。
B　「浸漬」は米粒に水を吸わせる作業である。
C　米を蒸すのはデンプンをα化するためである。
D　蒸米は醪で良く溶けるようにできる限り柔らかくする。

第12問　呑み切りの説明として正しいものはどれでしょうか？

A　火入れ後最初に行う呑み切りを新呑み切りという。
B　貯蔵タンクの中の酒を全部出荷することをいう。
C　酒の貯蔵中、酒の熟成の程度や雑菌汚染、香味異常を把握するため、タンクから酒を出す作業をいう。
D　品質が落ちることを防ぐために瓶の酒を飲み切ることをいう。

解答　第１問 C　第2問 C　第3問 D　第4問 C　第5問 C　第6問 A
第7問 B　第8問 A　第9問 B　第10問 A　第11問 D　第12問 C

新潟清酒達人検定 過去問題(2018年3月実施から抜粋)

「銀の達人」(2級相当)

検定実施時と設問番号は異なります。

第1問 入蔵とは、どのような意味でしょうか?

A 朝一番の作業で仕込み蔵に入ること
B 蔵人が酒造りのために酒蔵に入ること
C 酒米が蔵に入荷してきたこと
D 搾ったお酒を貯蔵蔵へ移したこと

第2問 古来、酒造りに携わる人々の間で伝えられている言葉で「不作の年の酒は良くなる」という言い伝えがありますが、正しい内容はどれでしょうか?

A 品質のよいお米だけを選抜して、お酒を大きな容量で仕込むから。
B わずかな失敗も許されないので、より慎重な姿勢で造りに向かい合うから。
C 品質のよいお米だけ選抜して、醗酵時間により長い時間をかけるため。
D 割水の量を多くして、より淡麗なお酒を造るため。

第3問 五百万石の優れた特質のうち間違っている説明はどれでしょうか?

A 辛口の酒に仕上げてもマイルドな味わいになる。
B 精米歩合を低くしても割れが少なく、吸水性に富んで良い蒸し米に仕上がる。
C 清酒にしたときに味がくどくならず、すっきりとした軽い清酒に仕上がる。
D 麹をつくりやすく醪にしても溶けすぎることがない。

第4問 米穀等の取引等に係わる情報の記録及び産地情報の伝達に関する法律を何と言うでしょうか?

A 米トレーサビリティ法　B 食品衛生法
C 酒税法　D 原産地表示法

第5問 現存する日本最古の酒「宝暦の酒」が発見された場所はどこでしょうか?

A 関川村　B 刈羽村　C 粟島村　D 弥彦村

第6問　酒税法改正によって清酒の級別が完全に廃止されたのはいつでしょうか？

A　昭和61年　　B　平成元年　　C　平成４年　　D　平成７年

第7問　「さかすけ」の説明として正しいものはどれでしょうか？

A　酒粕を、独自の酵母、特殊な製法技術で、栄養・機能性成分を増強した醗酵酒粕のことである。

B　酒粕を、独自の乳酸菌、特殊な製法技術で、栄養・機能性成分を増強した醗酵酒粕のことである。

C　酒粕を、独自の乳酸菌、特殊な製法技術を用いることで、カロリーをほぼゼロにした醗酵酒粕のことである。

D　酒粕を、独自の酵母、特殊な製法技術を用いることで、カロリーをほぼゼロにした醗酵酒粕のことである。

第8問　酒類は酒税法で４種類に分類されていますが、正しいものはどれでしょうか？

A　蒸留酒類、醸造酒類、混成酒類、発泡性酒類

B　醸造酒類、蒸留酒類、合成酒類、揮発性酒類

C　蒸留酒類、混成酒類、醸造酒類、その他の酒類

D　醸造酒類、高酒精酒類、合成酒類、その他の酒類

第9問　清酒の比重は何の含有量によって決まるのでしょうか？

A　アルコール度数と精白度　　B　アルコール度数と技

C　アルコール度数とエキス分　　D　アルコール度数と加水量

第10問　酒屋用語で「粕が抜ける」とはどのような状態をさすでしょうか？

A　上槽時に酒袋が破れて酒粕が漏れ出すこと。

B　上槽時に作業担当者が酒粕を不正に抜き取ること。

C　もろみで米が溶けず、酒粕が多量に発生すること。

D　もろみで米が溶けて酒粕が減ること。

解答　第1問　B　第2問　B　第3問　B　第4問　A　第5問　A
第6問　C　第7問　B　第8問　A　第9問　C　第10問　D

改訂第2版 新潟清酒《にいがたせいしゅ》ものしりブック
― 新潟清酒達人検定 公式テキストブック ―

2010年10月31日 初版第1刷
2011年11月3日 第2刷
2012年4月29日 第3刷
2013年10月31日 改訂版第1刷
2016年11月30日 第2刷
2018年10月31日 改訂第2版第1刷
2023年10月31日 第2刷

監　修／新潟清酒達人検定協会

編　集／新潟清酒達人検定公式テキストブック編集委員会、
新潟県酒造組合（需要振興委員会、技術委員会）、
新潟県醸造試験場、新星会、新潟清酒研究会

発行者／中川史隆

発行所／新潟日報メディアネット
【出版グループ】
〒950-1125　新潟市西区流通3-1-1
電話　025-383-8020　　FAX　025-383-8028
https://www.niigata-mn.co.jp

制作・印刷／第一印刷所

定価はカバーに表示してあります。
落丁・乱丁本は送料小社負担にてお取り替えいたします
ISBN 978-4-86132-696-7